issenschaftliche Taschenbücher WTB

Mathematik · Physik

Entwurf aktiver Analogsysteme

WTB Wissenschaftliche Taschenbücher

Eine Auswahl lieferbarer Bände:

HEINRICH ARNOLD
Physikalische Chemie der Halbleiter

JOACHIM AUTH / DIETMAR GENZOW
KLAUS H. HERRMANN
Photoelektrische Erscheinungen

HANS BANDEMER
ANDREAS BELLMANN
WOLFHART JUNG / KLAUS RICHTER
Optimale Versuchsplanung

FRANK BEICHELT
Prophylaktische Erneuerung von Systemen

JOACHIM BELLACH / PETER FRANKEN
ELKE WARMUTH / WALTER WARMUTH
Maß, Integral und bedingter Erwartungswert

WOLFRAM BRAUER
HANS-WALDEMAR STREITWOLF
Theoretische Grundlagen der Halbleiterphysik

SIEGFRIED BREHMER
Einführung in die Maßtheorie

SIEGFRIED BREHMER
Hilbert-Räume und Spektralmaße

JOHN CUNNINGHAM
Vektoren

GEORG DAUTCOURT
Relativistische Astrophysik

K. CH. DELOKAROV
Relativitätstheorie und Materialismus

WERNER DÜCK
Diskrete Optimierung

HANNELORE FISCHER
JOACHIM PIEHLER
Modellsysteme der Operationsforschung

HERBERT GOERING
Asymptotische Methoden zur Lösung von Differentialgleichungen

HERBERT GOERING
Elementare Methoden zur Lösung von Differentialgleichungsproblemen

EDUARD HERLT / NIKOLAUS SALIÉ
Spezielle Relativitätstheorie

HELMUT HESS
Der elektrische Durchschlag in Gasen

V. I. KARPMAN
Nichtlineare Wellen in dispersiven Medien

ULRICH KAUSMANN
KLAUS LOMMATZSCH
FRANTIŠEK NOŽIČKA
Lineare parametrische Optimierung

A. R. KESSEL
Akustische Kernresonanz

KONRAD KREHER
Festkörperphysik

DIETER KRESS
Theoretische Grundlagen der Signal- und Informationsübertragung

DIETER LEUSCHNER
Grundbegriffe der Thermodynamik

V. S. Letochow
Laserspektroskopie

Dierck-Ekkehard Liebscher
Relativitätstheorie mit Zirkel und Lineal

Wolfgang Meiling
Digitalrechner in der elektronischen Meßtechnik
Teil 1: Meßmethodik
Teil 2: Gerätetechnik und Anwendungen

L. I. Miroschnitschenko
Kosmische Strahlung im interplanetaren Raum

Peter Paufler
Gustav E. R. Schulze
Physikalische Grundlagen mechanischer Festkörpereigenschaften
Teil I und II

Robert Rompe
Hans-Jürgen Treder
Über Physik — Studien zu ihrer Stellung in Wissenschaft und Gesellschaft

Ulrich Röseberg
Quantenmechanik und Philosophie

Albrecht Rost
Messung dielektrischer Stoffeigenschaften

J. V. Sačkov
Wahrscheinlichkeit und Struktur

E. M. Sawizki
Perspektiven der Metallforschung

Wolfgang Schäfer
Theoretische Grundlagen der Stabilität technischer Systeme

Ernst Schmutzer
Symmetrien und Erhaltungssätze der Physik

Volkmar Schuricht
Kernexplosionen für friedliche Zwecke

Norbert Sieber
Hans-Peter Leidhold
Einführung in die Datenverarbeitung

Hubertus Stolz
Supraleitung

Gerhard Wunsch
Zellulare Systeme

Festkörperphysik
Entwicklungstendenzen und Anwendungsmöglichkeiten

Horst Melcher
Albert Einstein wider Vorurteile und Denkgewohnheiten

Das Neutron
Eine Artikelsammlung

Die Schöpfer der physikalischen Optik
Eine Artikelsammlung

Hans-Georg Schöpf
Von Kirchhoff bis Planck

Renate Wahsner
Mensch und Kosmos
Die copernicanische Wende

Helmut Friemel / Josef Brock
Grundlagen der Immunologie

Eberhard Hofmann
Funktionelle Biochemie des Menschen
Band 1 und 2

Eberhard Hofmann
Biochemie der Vererbung, Differenzierung und anderer Zellfunktionen
Dynamische Biochemie, Teil IV

Karlheinz Lohs
Dieter Martinetz
Entgiftung — Mittel, Methoden und Probleme

Joachim Nitschmann
Entwicklung bei Mensch und Tier

Dieter Spaar
Helmut Kleinhempel
Hans Joachim Müller
Klaus Naumann
Bakteriosen der Kulturpflanzen

Michael Theile
Siegfried Scherneck
Zellgenetik

Heinrich Bremer
Klaus-Peter Wendlandt
Heterogene Katalyse

Peter Birner
Hans-Jörg Hofmann
Cornelius Weiss
MO-theoretische Methoden in der organischen Chemie

Werner Döpke
Dynamische Aspekte der Stereochemie organischer Verbindungen

Günther Eppert
Einführung in die Schnelle Flüssigchromatographie

Gerhard Geiseler / Heinz Seidel
Die Wasserstoffbrückenbindung

Falko H. Herrmann
Martina Ch. Herrmann
Das Hämoglobin des Menschen

Hans Luppa
Grundlagen der Histochemie
Teil I und II

Dieter Onken
Antibiotika — Chemie und Anwendung

Burkart Philipp
Gerhard Reinisch
Grundlagen der makromolekularen Chemie

Vorschau auf die nächsten Bände:

Horst-Heino von Borzeszkowski
Renate Wahsner
Newton und Voltaire
Zur Begründung und Interpretation der klassischen Mechanik

Claus Hamann / Joachim Heim
Hubert Burghardt
Organische Leiter, Halbleiter und Photoleiter

Gerhard Jackisch
Johann Heinrich Lamberts „Cosmologische Briefe" mit Beiträgen zur Frühgeschichte der Kosmologie

Hasso Meinert
Fluorchemie

Dieter Michel
Grundlagen und Methoden der kernmagnetischen Resonanz

Gernot Neugebauer
Relativistische Thermodynamik

Volker Nollau
Semi-Markovsche Prozesse

Joachim Schuppan
Theorie und Meßmethoden der Konduktometrie

Joachim Schuppan
Anwendungen der Konduktometrie

Volkmar Schuricht
Fusionsreaktoren und Umwelt

Kurt Schwabe
pH-Messung

Rainer Sinz
Chronopsychophysiologie, Chronobiologie und Chronomedizin

BAND 210

Gottfried Fritzsche

Entwurf aktiver Analogsysteme

Netzwerke III

Mit 58 Abbildungen und 28 Tafeln

AKADEMIE-VERLAG · BERLIN

Reihe MATHEMATIK UND PHYSIK

Herausgeber:
Prof. Dr. phil. habil. W. Holzmüller, Leipzig
Prof. Dr. phil. habil. A. Lösche, Leipzig
Prof. Dr. phil. habil. H. Reichardt, Berlin
Prof. Dr. phil. habil. K. Schröder, Berlin
Prof. Dr. rer. nat. habil. H.-J. Treder, Potsdam

Verfasser:
Prof. Dr. Gottfried Fritzsche
Hochschule für Verkehrswesen „Friedrich List"
Dresden

1980
Erschienen im Akademie-Verlag,
DDR-108 Berlin, Leipziger Str. 3—4
Lektor: Dipl.-Phys. Gisela Lagowitz

Lizenznummer: 202 · 100/516/80
Herstellung: VEB Druckhaus „Maxim Gorki", 74 Altenburg
Bestellnummer: 762 370 7 (7210) · LSV 3534
Printed in GDR
DDR 12,50 M

Vorwort

In diesem Band werden die Analyse und der Entwurf aktiver Analognetzwerke, der als Querschnittsaufgabe für die Elektrotechnik, die Informationstechnik, für die Regelungstechnik und für die elektronische Meßtechnik besondere Bedeutung hat, aufbauend auf den Ergebnissen der WTB-Bände

Grundlagen und Entwurf passiver Analogzweipole, Netzwerk I

Entwurf passiver Analogvierpole, Netzwerke II

besprochen.

Inhaltlich wird zunächst auf *RC*-aktive Netzwerke als moderne Realisierungsvariante hingewiesen und danach auf die Anschlußbedingungen zur passiven Technik. Vergleichsweise breit werden die „aktiven Elemente" und die Analyseverfahren besprochen. Anhand der dargelegten Gesetze ist es möglich, sowohl manuell (bei einfacheren Aufgaben) als auch mit Hilfe von daraus ableitbaren Rechenprogrammen rationell zu Resultaten zu gelangen. Aufgenommen sind in diesem Hauptabschnitt Probleme der Stabilitätsbeurteilung, und es werden schon angemessen die Begriffe Toleranzempfindlichkeit und Anfachung einbezogen. Die Wirksamkeit und Nützlichkeit dieser Kenngrößen wird anhand einer Gegenüberstellung der *RC*-Resonatoren demonstriert. Im Hauptabschnitt Netzwerkentwurf werden typische Approximationsansätze und (katalogisierte) -ergebnisse vorgestellt, die eine originelle Ergänzung zu herkömmlichen Möglichkeiten sind. Schwerpunkt sind die *RC*-aktiven Realisierungsmethoden

— Kaskadentechnik und
— Direkte Technik (basierend auf passiven Bezugsnetzwerken bzw. ausgeführt als mehrfachgekoppelte Anordnungen).

Infolge ihrer Übersichtlichkeit und des ausgereiften Standes bezüglich ihrer Resultate kommt nach wie vor der zuerst genannten Möglichkeit dominierende Bedeutung in der Praxis zu. Trotzdem werden auch die Varianten der direkten Realisierung, speziell das universelle Konverterkonzept und die Multi-loop-feedback (oder kurz: MLF-)Methoden, bis zu durchgerechneten Anwendungsbeispielen entwickelt, da sie prinzipiell leistungsfähiger sind. Wie schon in den vorangegangenen Bänden will die vorliegende Darstellung sowohl überblicksmäßig in das Fachgebiet einführen als auch leitfadenmäßig wesentliche Ergebnisse bereitstellen. Deshalb wird mit Strichzeichnungen, Tafeln — vorzugsweise in Form von Arbeitsblättern — und Wertungen nicht gespart. So soll der Lernende und der in der Praxis tätige Wissenschaftler befähigt werden, unkompliziert zum Kern der Sache vorzudringen. Da der Umfang sehr begrenzt ist, wird es als natürlich angesehen, wenn der Leser bei Bedarf auf zusätzliche Spezialliteratur (die genannt wird) zurückgreift.

Das Buch wendet sich an Studenten der elektrotechnischen und der mathematisch-physikalischen Fachrichtungen. Es ist auch neben den Vorlesungen als Repetitorium nützlich. Absolventen, die schon längere Zeit in der Praxis tätig sind, können sich damit einen Überblick verschaffen und Kenntnisse auffrischen. Gewinn wird es ferner dem Leser bringen, der Fundamentalmethoden in gespeicherter Form für die Lösung praktischer Aufgaben und Anwendungen sucht.

In die Abfassung sind zahlreiche Resultate aus Arbeiten meiner Mitarbeiter und Schüler eingeflossen. Dafür und für die vielen klärenden Fachgespräche möchte ich allen Beteiligten herzlich danken. Herausragend ist der Einsatz und der Beitrag von Herrn Dr. V. Seidel, der selbständig zu Fragen der Knotenspannungsanalyse und der Kaskadentechnik seine reichen Erfahrungen zur Verfügung gestellt hat. Ihm gilt deshalb besonderer Dank.

Frau D. Priebst hat durch die gewissenhafte Reinschrift einen wichtigen Beitrag erbracht. Frau Dipl.-Phys. G. Lagowitz hat mir in bewährter Weise als Lektorin zur Seite gestanden. Auch hierfür ein herzliches Dankeschön.

Dresden, Mai 1978 Gottfried Fritzsche

Inhaltsverzeichnis

0. Einleitung und Einordnung

0.1. RC-aktive Netzwerke als moderne Realisierungsvariante

In Fortführung der Darlegungen in den Bd. I und II besprechen wir nachstehend Wirkprinzipien und Entwurfsrichtlinien für die Aufgabe

Gegeben				Gesucht
Netzwerk-Charakteristiken	→	Netzwerk-Funktionen	→	Netzwerk (Struktur und Bemessung)

Wie bekannt, gelten auch hier die Entwurfsstufen

- Zulässige Funktionen,
- Approximation und
- Realisierung.

Auf diese Weise können aufgrund von Vorschriften, die sich hauptsächlich auf das Übertragungsverhalten konzentrieren, bestmögliche Ausführungen für aktive Analogvierpole *ohne Spulen* gefunden werden. Wir sprechen dann von *RC-aktiven Netzwerken*, die demgemäß nur aus Widerständen, Kondensatoren und aktiven Elementen aufgebaut sind. (Gegenstand sind im folgenden nur Strukturen mit endlich vielen konzentrierten Elementen — das beinhaltet der Begriff „Netzwerk“ —.) Physikalisch plausibel können wir uns vorstellen, daß die beteiligten aktiven Elemente die Energiezufuhr in das verlustbehaftete *RC*-System verwirklichen und so der aktiven *RC*-Gesamtschaltung Immittanz- und Übertragungsverhalten verleihen, welches (bis auf einen konstanten Faktor) mit dem einer passiven *LC*-Schaltung übereinstimmt. Speziell ist es also prinzipiell möglich, Selektionsvorschriften passiv *oder* aktiv zu realisieren.

Diese Ausführungsform ist besonders der modernen mikroelektronischen Technologie [M 2] angepaßt, wobei wir grundsätzlich zwischen der

- *Schichttechnik* und der
- *Halbleiterblocktechnik*

unterscheiden.

Im ersten Fall werden Leitungspfade, Ohmwiderstände, Kapazitäten und aktive Elemente durch leitende, dielektrische und halbleitende Schichten auf isolierendem Substrat erzeugt. In Abhängigkeit von der Dicke unterscheiden wir zwischen Dünnschichttechnik (10 ··· 1000 nm) und Dickschichttechnik.

Im zweiten Fall werden Leitungspfade, Ohmwiderstände, Kapazitäten und aktive Elemente durch speziell präparierte Techniken (z. B. durch Dotierung, Epitaxie, Strukturierung, Oberflächenisolierung) in einem Halbleitereinkristall erzeugt.

In den Anwendungen sind auch Mischformen beider Ausführungen (*Kombinationstechnik*) üblich. Eine Weiterführung wäre die Einbeziehung von passiven *RC*-Schaltungen mit verteilten Parametern ($\overline{RC}$-*Schaltungen*). Die „Netzwerkfunktionen" sind hier keine rationalen Bildfunktionen mehr. Es werden Methoden der Leitungstheorie wirksam, und durch Transformationen ist eine Nutzung der herkömmlichen Ergebnisse möglich [H 11]. Eine Übersicht und Einführung dazu wird in [H 1] gegeben.

0.2. Kurze Literaturübersicht (Auswahl)

Der Anfang der aktiven Schaltungstechnik wurde bereits zu Beginn unseres Jahrhunderts mit der Erfindung der Elektronenröhre und der Rückkopplung gemacht. Speziell die Verstärkereigenschaften wurden lückenlos untersucht und immer wieder neue Anwendungen (z. B. das Wirksamwerden negativer Widerstände, steuerbare komplexe Widerstände) erdacht. So erfolgversprechend alle diese Ansätze waren, erst der Transistor (ab 1948) brachte einen zuvor nicht geahnten Aufschwung. Das Hauptanwendungsgebiet der RC-aktiven Netzwerke liegt zur Zeit bei tieferen Frequenzen (bis rund 100 kHz).

Ab Mitte der fünziger Jahre erschienen eine Fülle von Einzelarbeiten, herausragend ist der oft zitierte Aufsatz von R. SALLEN und E. KEY [S 11]. Er enthält bereits ein allgemeines Prinzip zur aktiven Filtersynthese und einen umfangreichen Schaltungs- und Bemessungskatalog (25 Strukturen). Der Begriff der Empfindlichkeit geht auf H. BODE [B 1] zurück. Er ist eine entscheidende Kenngröße für jegliche RC-aktiven Netzwerke. Schaltungen mit Negativ-Impedanz-Konvertern (NIK) rückten durch das berühmte Realisierungsverfahren von J. LINVILL [L 13] in das Blickfeld der Praxis, womit erstmals schlüssig (und im Sinne der bekannten Verfahren für die passive Schaltungsrealisierung) aktive Strukturen berechnet werden konnten. Die in der Praxis beobachtete Inkonstanz der NIK-Schaltungen führte zur Empfindlichkeitsminimierung durch J. HOROWITZ [H 12] und D. CALAHAN [C 11] bzw. zum sehr stabilen Brückenkonverter von A. LARKY [L 12]. Bis schließlich die grundsätzliche Unzulänglichkeit dieser Schaltungsfamilie erkannt wurde, die in der stets bei NIK-Realisierungen auftretenden Differenzbildung (Mitkopplungseffekt) begründet ist. Ein anderer — prinzipiell erfolgreicherer — Weg ging vom Gyrator [T 11] aus. Da er auch zur Gruppe der Übersetzervierpole gehört, ist eine aktive Realisierung sowohl mit dem Mitkopplungsprinzip (d. h. mit negativen R oder NIK) als auch mit dem Gegenkopplungsprinzip möglich. Die Güteempfindlichkeiten dieser zwei Möglichkeiten sind grundverschieden, und für praktische Zwecke ist nur die Gegenkopplungsvariante brauchbar. Es war ein langer Forschungs- und Entwicklungsweg notwendig, diesen (aus heutiger Sicht „einfachen") Sachverhalt zu erkennen [H 1] [G 12]. Beachtlichen Auftrieb erhielt die aktive RC-Realisierungspraxis Anfang der sechziger Jahre durch das Aufkommen konfektionierter Operationsverstärker in Form integrierter Schaltkreise. Wiederum setzte ein neuer Literaturaufschwung ein. Das Ziel war vielfach, Operationsverstärker als aktive Elemente einzusetzen, wobei durch geeignete „passive Beschaltung" die speziell erforderlichen Übertragungseigenschaften hergestellt wurden. Eine weitere entscheidende Belebung gab die Arbeit von H. ORCHARD [O 11], der klar das „Schreckgespenst der hohen Empfindlichkeit der resultierenden Netzwerkeigenschaften bezüglich der Toleranzen in den passiven und aktiven Elementen" erkannte. Insbesondere hat er zielstrebig formuliert, daß mit geeignet aufgebauten Halbleitergyratoren, die also in integrierter Technik ausführbar sind, stabile Induktivitäten hoher Güte zu verwirklichen sind. Die Entwicklung dazu wurde mit wissenschaftlicher Akribie in [H 1] zusammengetragen. Wertvolle Einzelbeiträge lieferten u. a. [B 15], [S 26], [Z 11]. Mit Bezug auf passive toleranzfeste *LC*-Netzwerke, in denen L durch einen Gyrator-C-Zweipol „simuliert" wird, bleiben grundsätzlich die „ursprünglich guten" Empfindlichkeitseigenschaften erhalten. Ein Problem blieb stets die Verwirklichung nicht geerdeter (oder „schwimmender") Gyratoren. Viele Kunstschaltungen sind dafür erdacht worden. Einen Qualitätssprung stellte die Riordan-Struktur (mit 2 OV) dar [R 14], bis dahin war das nur mit 3 OV als Integratorschleife oder mit spannungsgesteuerten Stromquellen möglich. Unabhängig davon stellten im gleichen Jahr J. Gorski-Popiel [G 21] und A. Antoniou [A 13] weitere solche Positiv-Immittanz-Konverter-Strukturen vor. Durch L. Bruton [B 17] wurde eine neue Netzwerktransformation vorgeschlagen, die sog. *Supra-Elemente* benötigte. In Verbindung mit speziellen — nur einfach frequenzabhängigen — Konvertervierpolen kann universell jede Tiefpaß-, Hochpaß- und Bandpaß-Struktur mit „geerdeten" aktiven Nachbildungen realisiert werden [T 13], [T 14].

Eine weitere Realisierungsmethode, die zunächst in Analogrechnerschaltungen ihr Vorbild hatte [H 1], [S 1], [W 11], sind Aufbauten mit Mehrfachkopplungen („multi-loop-feedback" oder kurz: MLF-Schaltungen). Die Zustandsbeschreibung [G 16], [Z 1] spielt dabei eine wichtige Rolle, und zusammen mit der zuvor erwähnten „Bezugsnetzwerk-Realisierung" sprechen wir auch von *direkten Realisierungen*, weil i. a. eine vorgegebene Übertragungsvorschrift dadurch kompakt verwirklicht wird. Das Gegenstück sind *Kaskadenrealisierungen*, bei denen *rückwirkungsfrei* Funktionsblöcke (vorwiegend 2. Grades) in Ketten geschaltet werden und dadurch der i. R. höhergradige Übertragungsfaktor realisiert wird [B 14], [S 20].

Das Kernproblem der *RC*-aktiven Technik: Hinreichend große *„praktische Stabilität"* (Beständigkeit und relative Unveränderlichkeit gegenüber Zeit und Umwelt) können wir durch *gütearme Approximationen* wirksam unterstützen. Unabhängig voneinander sind von A. Prelimo [P 12] und in [F 16], [F 17], [F 18], [F 19] dazu Vorschläge unterbreitet worden. Speziell bei selektiven Netzwerken (Filter) kann so eine beträchtliche Gütereduktion (etwa auf ein Drittel bei nur einer Graderhöhung um eins) erzielt werden. Auch für die Rauscheigenschaften ist dieser Ansatz günstig, da die Güte quadratisch mit den Rauschkennwerten verknüpft ist [S 20].

Diese Kurzdarstellung der Entwicklung soll dem Leser den mühevollen Weg — zumindest — andeuten. Lückenlos läßt sich der Fortschritt und die vielen „Teilerfindungen" in Kürze nicht beschreiben. Einen vorzüglichen, tieferen Einblick kann man durch das Studium der Standardwerke [G 1] und [H 1] gewinnen, die jeweils mehr als tausend Literaturstellen aufweisen und so einen Zugang zu immer mehr Quellen ermöglichen.

Aufschlußreich sind auch die zusammenfassenden Darstellungen von [B 14], [F 3], [H 2], [H 3], [P 1], [Z 2]. Deutschsprachig sind bisher Bücher von W. Rupprecht [R 3] und von R. Unbehauen [U 1] erschienen, die im Anschluß an eine ausführliche Darstellung der passiven Netzwerksynthese Probleme der *RC*-aktiven Realisierung behandeln. Neu ist eine zweibändige Aufgabensammlung [U 2], die vor allem für Studierende beim Vertrautwerden mit anwendungsbereiten Kenntnissen Gewinn bringt.

Das Ziel der nachfolgenden Darstellung besteht darin, wertend und auf leistungsfähige Anwendungen orientierend, gesicherte Fachgrundlagen vorzustellen. Einbezogen werden Ergebnisse, die dem Schüler- und Betreuerkreis des Autors entstammen, da damit nutzbringende technische Lösungen für die Praxis erbracht werden konnten. Außer den (wiederholt oder getrennt) bei speziellen Fragestellungen genannten Arbeiten seien vorweg noch folgende Dissertationen zitiert [A 11], [G 11], [J 11], [K 13], [L 14], [M 15], [S 12], [S 15], [S 20], [T 14].

0.3. Besonderheiten aktiver Analogschaltungen

Die Grundfragen praktischer Ingenieurarbeit nach der

- Zuverlässigkeit und nach dem
- Aufwand

lassen sich im Gegensatz zu passiven Analogschaltungen (spulenarme Abzweigschaltungen mit kleinstmöglicher

Anzahl von Schaltelementen sind offenbar die technisch besten Ausführungen) nicht mehr so einfach beantworten [B 14], [G 1], [G 12], [H 1], [R 2].

Während der Aufwand auch im aktiven Fall aus der „Schaltung ablesbar" bleibt, ist es notwendig (und mit Hilfe der Rechentechnik auch vertretbar numerisch möglich), Aspekte der Zuverlässigkeit vermehrt quantitativ zu berücksichtigen.

Klassisch endet der Realisierungsschritt mit der Berechnung der Zahlenwerte für die Schaltelemente einer ausgewählten Struktur. Könnte man die angenommenen idealen Elemente verwirklichen, so würde die approximierte Netzwerkfunktion ohne Fehler nachgebildet. Tatsächlich ist das nicht der Fall, weil die

- Schaltelementewerte tolerieren und sich zusätzlich nach dem Einbau durch Klima- bzw. Alterungseinflüsse ändern,

- Haupteigenschaften der Schaltelemente infolge unvermeidbarer parasitärer Effekte (z. B. Verlustwiderstände, Streukapazitäten, Rauschen) nur näherungsweise realisiert werden können,

- Verbindungen zwischen den Schaltelementen nicht ideal und außerdem Störfelder zwischen den Elementen wirksam sind.

Die Kontrolle und die Maßnahmen zur Beherrschung dieser unerwünschten Nebenerscheinungen sind das Ziel der *Toleranzanalyse* (im weiteren Sinne). Geeignete Ansätze für diese Betrachtung sind die

- Entwicklung und das Rechnen mit *verfeinerten Elementemodellen* im Netzwerk (z. B. Berücksichtigung der realen Eigenschaften eines Operationsverstärkers), die wesentlich auf der näherungsweisen Erfassung parasitärer Einflüsse beruhen.

Eine praktikable Lösung ist weitgehend Erfahrungssache („Nicht so genau wie möglich, sondern nur so genau wie nötig" ist der Leitsatz, damit überschaubare

Resultate entstehen) und zweckmäßig von Fall zu Fall durch den Spezialisten zu beantworten,

- *numerische Toleranzanalyse* (oder Toleranzanalyse im engeren Sinne), die mit speziellen Rechenverfahren quantitativ den Einfluß von Änderungen in den Zahlenwerten für die Bauelemente auf Kennwerte oder Kennfunktionen des Netzwerks analysiert.

Untersuchung weiterer Stör- und Betriebseigenschaften, d. h. Fragen

- des Rauschverhaltens bzw. der Abschirmung (Störfeldereinfluß),
- der Dynamik,
- des Leistungsverbrauchs,
- der bestmöglichen Dekomposition (im Kaskadenfall).

Im allgemeinen sind alle „Fehler" gleichzeitig wirksam, so daß im Regelfall nur Teilprobleme optimiert werden können.

1. Analyse *RC*-aktiver Netzwerke

1.1. Aktive Elemente

1.1.1. Zweipole

Negativer Widerstand

Es gibt physikalische Erscheinungen, die eine fallende I-U-Kennlinie aufweisen. Beschränken wir uns auf Wechselstromverhalten, so gehört zu einem negativen (linearen) Ohmwiderstand (Abb. 1a) eine fallende Nullpunktgerade im I-U-Diagramm (Abb. 1b) mit dem Gesetz

$$U = -RI \tag{1.1}$$

(bei der gewählten physikalischen Kennzeichnung der U- und I-Zählpfeile). Durch äußere Beschaltung wird ein ganz bestimmter „Arbeitspunkt" auf der Kennlinie

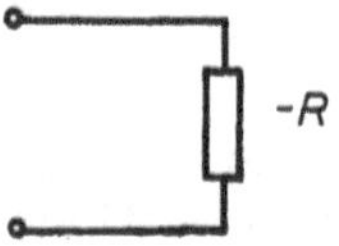

Im I-U-Diagramm ist als Kennlinie eine fallende Nullpunktgerade wirksam, auf der der Arbeitspunkt liegt.

Abb. 1.1 Negativer (linearer) Ohmwiderstand (Schaltzeichen)

erzwungen. Praktisch existiert nur ein „fallendes Kennlinienstück endlicher Länge". Typisch sind der

- spannungsgesteuerte negative Widerstand (oder N-Typ) und der
- stromgesteuerte negative Widerstand (oder S-Typ).

Wir beobachten damit auch hier — wie bei vielen elektrotechnischen Gesetzen — ein paarweises Vorkommen. Ergänzend sei als tatsächliches Beispiel für den erstgenannten Fall die Tunneldiode erwähnt, deren Ersatzschaltbild als wesentlichen Teil einen negativen Widerstand aufweist.

Nullator und Norator

In der aktiven Analogtechnik ist es nützlich, weitere „*pathologische Zweipole*" einzuführen. Auf den ersten Blick scheinen sie widersinnige Eigenschaften (daher der Name) zu repräsentieren, sie erweisen sich aber — wie noch gezeigt wird — als nützliche „Elemente", die (soweit sie benutzt werden) *stets paarweise* bei der Idealisierung von Verstärkervierpolen vorkommen. Wir unterscheiden zwei Arten:

1. den *Nullator*, der durch die beiden Gleichungen

$$U = 0, \qquad I = 0 \tag{1.2}$$

beschrieben wird. Die Aussage von (1.2) heißt, es existiert gleichzeitig Kurzschluß und Leerlauf. Sein Schaltzeichen und der nach (1.2) nur mögliche Arbeitspunkt sind in Abb. 1.2a bzw. b dargestellt.

2. den *Norator*, der durch

$$U = \text{beliebig}, \quad I = \text{beliebig} \qquad (1.3)$$

charakterisiert wird. Damit ist jeder Punkt in der I-U-Ebene als Arbeitspunkt (der tatsächlich durch die

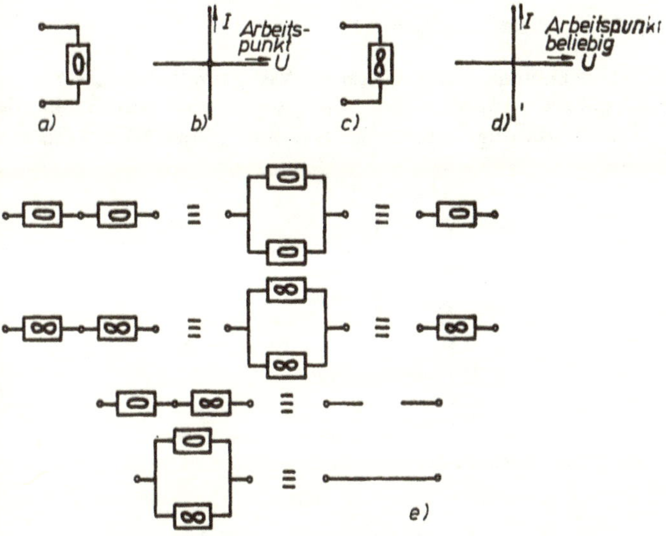

Abb. 1.2 Pathologische Zweipole

a) Noratorschaltzeichen
b) Noratorarbeitspunkt im Nullpunkt
c) Nullatorschaltzeichen
d) Nullatorarbeitsgebiet im I-U-Diagramm
e) Zusammenschaltungsregeln (Auswahl)

äußere Beschaltung festgelegt wird) denkbar. Die Abb. 1.2c und d zeigen das Schaltzeichen bzw. veranschaulichen das Arbeitsgebiet.

Nullator und Norator sind wichtige gedankliche Hilfsmittel sowohl bei der *aktiven RC-Analyse* als auch bei

Auffindung äquivalenter Schaltungen. In Abb. 1.2e sind einige ausgewählte Zusammenschaltungsregeln — auf die wir später zurückgreifen werden — veranschaulicht.

1.1.2. Vierpole

1.1.2.1. Gesteuerte Quellen

Die elementarsten aktiven Vierpole (tatsächlich sind es genauer meist „Dreipole", wenn eine durchgehende Erdverbindung vorhanden ist) sind „ideale Verstärker",

Abb. 1.3 Gesteuerte Quelle (Wirkprinzip)

wie in Abb. 1.3 skizziert. Die Ursachen- oder Steuerfunktion $f_1(t)$ wird dabei *original verstärkt* als Wirkungsfunktion $f_2(t) = Vf_1(t)$ $(V > 1)$ abgegeben. (Zusätzlich wird *Rückwirkungsfreiheit* angenommen, d. h., ein Vorgang oder eine Beschaltung am Vierpolausgang hat auf den Vierpoleingang keinerlei Einfluß. Praktisch heißt das: Sie wirken nur in der Vorwärtsrichtung.) Die notwendige Energiezufuhr — das Ausgangssignal ist ja voraussetzungsgemäß energiereicher — wird dann durch zusätzliche Speiseenergie aufgebracht, wie das sinnbildlich in Abb. 1.3 angedeutet ist. Tatsächliche Verstärkeranordnungen zeigen natürlich bestimmte Abweichungen von diesem Idealfall. Sie können trotzdem noch durch Ersatzschaltbilder beschrieben werden, wenn diese neben der *gesteuerten Quelle* noch passive „Korrekturelemente" enthalten.

Beispiel 1.1

Kennenlernen von „Verstärkergrenzen" aus Stabilitätsgründen

Gegeben:

Ersatzschaltung mit einer gesteuerten Spannungsquelle, wie in Abb. 1.4 skizziert.

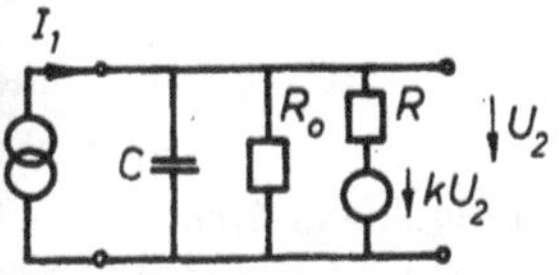

Abb. 1.4 Netzwerk mit gesteuerter Quelle

Gesucht:

1. Allgemein $\dfrac{U_2}{I_1 R_0}$ als $f(p)$ mit R, R_0, C und k als Parameter?
2. Für welche (reellen) k-Werte ist das skizzierte System stabil, d. h., haben seine Pole der „Übertragungsfunktion" negative (oder im Grenzfall verschwindende) Realteile?

Lösung:

Zu 1. Aus Abb. 1.4 lesen wir zunächst für die Teilströme ab

$$I_1' = \frac{U_2}{R_0}, \quad I_2' = pCU_2 \quad \text{und} \quad I_3' = \frac{U_2}{R} - \frac{kU_2}{R}.$$

Zusammengefaßt gilt damit

$$I_1 = \sum_{\nu} I_\nu' = \frac{U_2}{R_0}\left(1 + pCR_0 + (1-k)\,\frac{R_0}{R}\right),$$

wenn U_2 und R_0 ausgeklammert werden. Sortiert nach Potenzen von p und umgestellt, finden wir

$$\frac{U_2}{I_1 R_0} = \frac{1}{1 + \dfrac{1-k}{R}\,R_0 + pCR_0}.$$

Zu 2. Der systemeigene reelle Pol (errechnet durch Nullsetzen der Nennerfunktion, man spricht dann auch von der *Charakteristischen Gleichung* eines Systems) wird bestimmt durch

$$p = \frac{kR_0 - (R_0 + R)}{CR_0R},$$

und er hat einen verschwindenden oder negativen Realteil bei

$$k \leqq \frac{R_0 + R}{R}.$$

Dann (und nur dann) ist das System nach Abb. 1.4 im Sinne der Systemtheorie stabil.

Wir verzichten hier — aus pädagogischen Gründen — zunächst auf eine solche Verfeinerung und konzentrieren uns um so mehr auf die verschiedenen Varianten denkbarer gesteuerter Quellen. (Da in der Praxis stets eine Zusammenschaltung von Verstärker und passiven RC-Elementen vorkommt, besteht u. U. die Möglichkeit, passive Ersatzbildelemente „einzurechnen bzw. einzumessen".)

Tafel 1.1 zeigt Vierpolersatzschaltungen und Matrizendarstellungen gesteuerter Quellen, die zweckmäßig nach ihrem Wirkungsprinzip als

- UU-Quelle (oder spannungsgesteuerte Spannungsquelle),
- UI-Quelle (oder spannungsgesteuerte Stromquelle),
- IU-Quelle (oder stromgesteuerte Spannungsquelle) und
- II-Quelle (oder stromgesteuerte Stromquelle)

bezeichnet werden. Falls die Größen V_U, G, R und V_I konstant sind, handelt es sich um lineare, zeitinvariante, aktive und nichtspeichernde gesteuerte Quellen. Sie sind paarweise (UUQ mit IIQ bzw. UIQ mit IUQ) zueinander dual. Bei den Anwendungen hat die UUQ die größte Bedeutung erlangt. Mitunter ist es praktisch, die Eingangsspannung U_1 als Differenz zweier Spannungen, d. h. durch

$$U = U' - U'', \qquad (1.4)$$

Tafel 1.1
Vierpolersatzschaltungen und Kettenmatrizen der gesteuerten Quellen

Symbol (allgemein)	Quellenart	A-Matrix	Bemerkungen
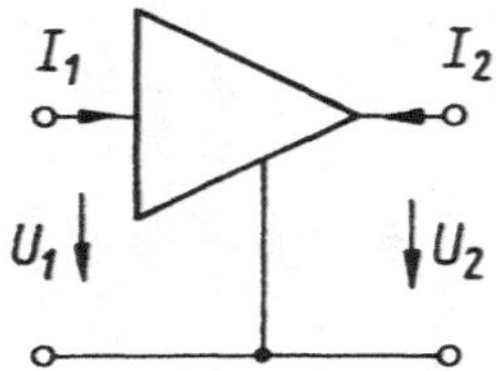 Steuerparameter: V_U, G, R, V_I	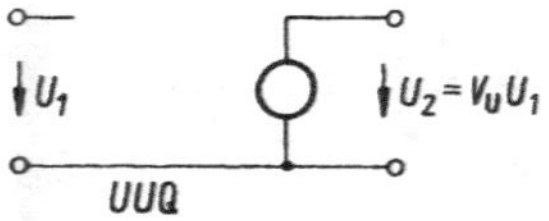	$\begin{pmatrix} \frac{1}{V_U} & 0 \\ 0 & 0 \end{pmatrix}$	$\boldsymbol{Z}$ und $\boldsymbol{Y}$ existieren nicht
	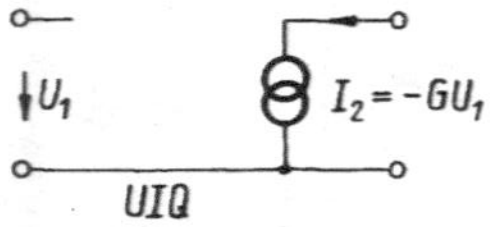	$\begin{pmatrix} 0 & \frac{1}{G} \\ 0 & 0 \end{pmatrix}$	$\boldsymbol{Y} = \begin{pmatrix} 0 & 0 \\ -G & 0 \end{pmatrix}$
	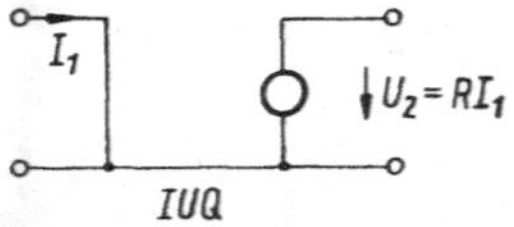	$\begin{pmatrix} 0 & 0 \\ \frac{1}{R} & 0 \end{pmatrix}$	$\boldsymbol{Z} = \begin{pmatrix} 0 & 0 \\ R & 0 \end{pmatrix}$
	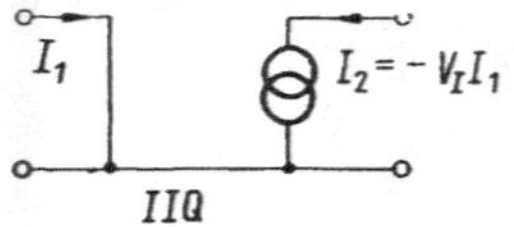	$\begin{pmatrix} 0 & 0 \\ 0 & \frac{1}{V_I} \end{pmatrix}$	$\boldsymbol{Z}$ und $\boldsymbol{Y}$ existieren nicht

darzustellen. Abb. 1.5 veranschaulicht das Schaltungssymbol dieses *Differenzverstärkers*, und in Auswertung von (1.4) ist es üblich, von einem

- nicht invertierenden oder + Eingang und einem
- invertierenden oder − Eingang zu sprechen.

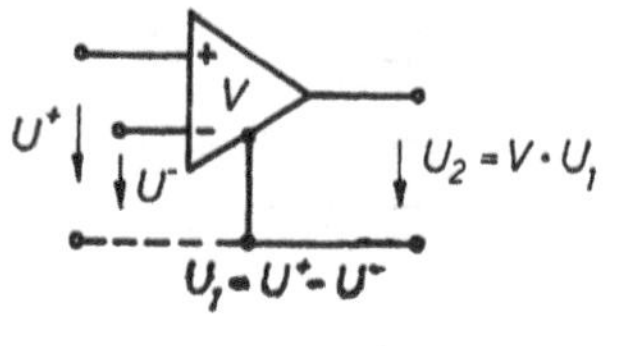

Abb. 1.5 Differenzverstärker

1.1.2.2. Operationsverstärker

Eine bestimmte Sonderstellung nimmt der Operationsverstärker (OV) ein, der sich im Idealfall als UUQ mit $V_U \to \infty$ repräsentiert. (Wegen seiner universellen Verwendbarkeit wird er „konfektioniert“ hergestellt und existiert schon Jahre in integrierter Technik.) Nach Tafel 1.1 besitzt er eine *Nullmatrix*, da der Zusammenhang

$$\boldsymbol{A} = \begin{pmatrix} 0 & 0 \\ 0 & 0 \end{pmatrix} \tag{1.6}$$

gilt. (1.6) drückt aus, daß die Eingangsgrößen U_1 und I_1 Null sind, während die Ausgangsgrößen U_2 und I_2 beliebige Werte annehmen können. Dieser singulären mathematischen Eigenschaft wird das allgemeine Schaltsymbol nach Tafel 1.1 (erste Spalte) nicht mehr gerecht, deshalb werden Schaltzeichen nach Abb. 1.6 verwendet. Variante *a* ist eine allgemeine Darstellung, wobei es vielfach üblich ist, die Masseklemme des Ausgangs (in Abb. 1.6a gestrichelt eingetragen) wegzulassen. Mitunter ist es zweckmäßig, die Eingangsspannung als Differenz zweier Spannungen darzustellen. In Anlehnung an

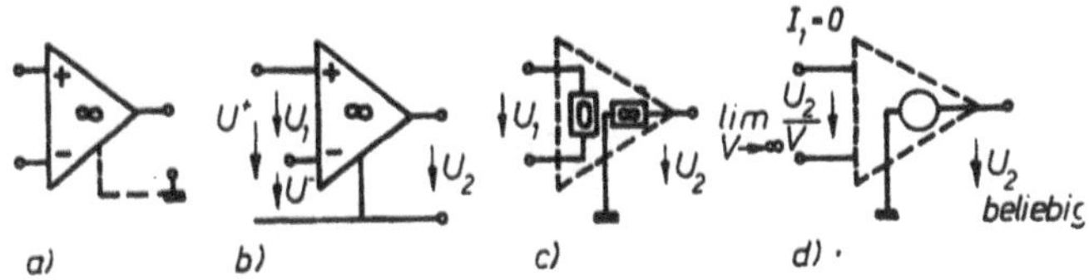

Abb. 1.6 Darstellung des idealen OV

a) allgemeines Symbol
b) Symbol mit Differenzeingang
c) Nullator-Norator-Modell (Nullor)
d) als Grenzfall einer UUQ

Abb. 1.5 gilt dann Abb. 1.6 mit dem Grenzübergang

$$U_2 = \lim_{\substack{V_U \to \infty \\ U_1 \to 0}} (V_U U_1). \tag{1.6a}$$

Eine weitere Möglichkeit ist die Nullator-Norator-Beschreibung des idealen OV (Abb. 1.6c), die unmittelbar aus den zuvor aufgezählten Eigenschaften hervorgeht; sowie der Grenzfall einer UUQ (Abb. 1.6d). Die Universalität des OV wird besonders evident, wenn wir bemerken, daß die in 1.2.1. aufgeführten gesteuerten Quellen durch *einfache Beschaltung eines OV* realisiert werden können. Im allgemeinen genügt das geeignete Hinzufügen von passiven Ohmwiderständen, wie es das nachfolgende Beispiel erläutert. Durch Kombination von „Elementarschaltungen" können weitere wünschenswerte Nebenbedingungen, z. B. unendlich große Eingangsimpedanz, hergestellt werden.

Beispiel 1.2

Erzeugung von gesteuerten Quellen mit idealen OV

Gegeben: Beschaltete OV, wie in den Abb. 1.7a, b, d und f skizziert.

Gesucht:

1. Bemessung, damit eine UUQ mit vorgeschriebenem
$V_U \geqq 1$ (herleitbar aus Abb. 1.7a) bzw.
$V_U < 0$ (herleitbar aus Abb. 1.7b) entsteht.

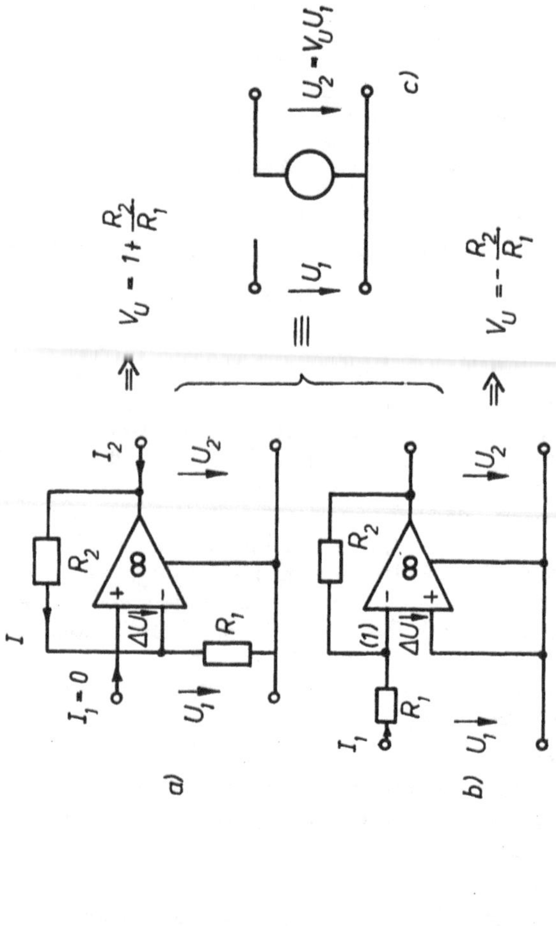
a)
b)
c)
$I_1 = 0$
I
I_2
I_1
R_1
R_2
ΔU
(1)
U_1
U_2
$V_U = 1 + \frac{R_2}{R_1}$
$V_U = -\frac{R_2}{R_1}$
$U_2 = V_U U_1$

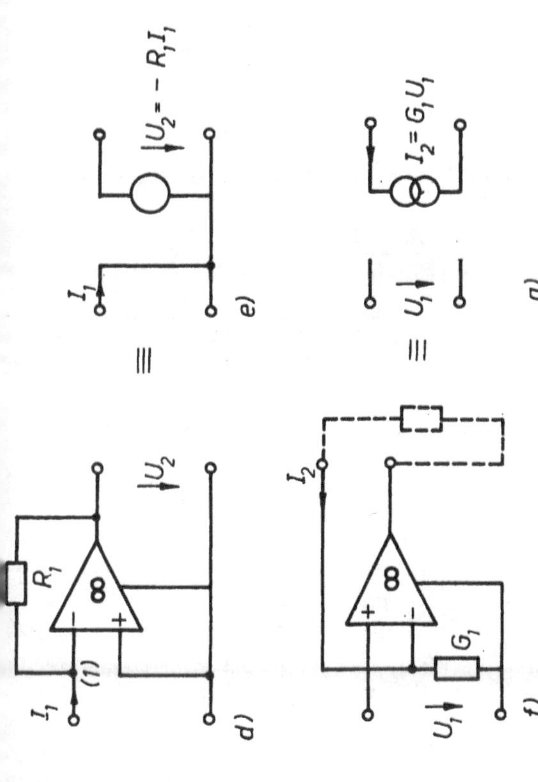

Abb. 1.7 Beschaltete OV zur Realisierung gesteuerter Quellen

a) Spannungsgesteuerte Spannungsquelle mit endlichem $V_U > 0$; b) Spannungsgesteuerte Spannungsquelle mit endlichem $V_U < 0$; c) Stromgesteuerte Stromquelle mit negativem R_1; d) Spannungsgesteuerte Stromquelle mit positivem G_1

Welche zusätzlichen Eigenschaften hat eine Kettenschaltung von Strukturen nach Abb. 1.7a und Abb. 1.7b?

2. Bemessung, damit eine IUQ mit vorgeschriebenem negativem R (herleitbar aus Abb. 1.7d) bzw. eine UIQ mit vorgeschriebenem positivem G (herleitbar aus Abb. 1.7f) entsteht.

Lösung:

Zu 1. Aus Abb. 1.7a lesen wir ab (bei $\Delta U = 0$)

$I = \dfrac{U_1}{R_1} = \dfrac{U_2 - U_1}{R_2}$. Mit Tafel 1.1 (UUQ-Zeile) gilt umgestellt

$$U_2 = V_U V_1 = \frac{R_1 + R_2}{R_1} U_1 \quad \text{oder} \quad V_U = 1 + \frac{R_2}{R_1},$$

d. h., durch die Wahl eines geeigneten Widerstandsverhältnisses kann eine UUQ mit vorgeschriebenem $V_U \geqq 1$ verwirklicht werden. Der sog. „*Einsverstärker*“ (EV, $V_U = 1$) entsteht speziell bei $R_2 = 0$ und $R_1 \to \infty$.

Entsprechend folgt aus Abb. 1.7b (da (1) an Masse liegt)

$$I_1 = \frac{U_1}{R_1} = -\frac{U_2}{R_2} \quad \text{oder} \quad U_2 = -\frac{R_2}{R_1} U_1$$

und ausgedrückt durch V_U

$$V_U = -\frac{R_2}{R_1},$$

d. h., durch die Wahl eines geeigneten Widerstandsverhältnisses kann eine UUQ mit vorgeschriebenem $V_U < 0$ verwirklicht werden.

Ein Nachteil der Struktur nach Abb. 1.7b ist, daß sie eine endliche Eingangsimpedanz aufweist. Durch Kettenschaltung der beiden „Quellennachbildungen“ wird eine UUQ mit

$$V_{Uges} = V_{U1} \cdot V_{U2} = \left(1 + \frac{R_2^{(1)}}{R_1^{(1)}}\right)\left(-\frac{R_2^{(2)}}{R_1^{(2)}}\right)$$

bei unendlich großer Eingangsimpedanz realisiert. Abb. 1.7c zeigt zusammenfassend die allgemeine UUQ mit $V_U = f(R_1, R_2)$.

Zu 2. Da (1) wiederum mit dem Massepotential identisch ist,

lesen wir aus Abb. 1.7d ab:

$$U_2 = -R_1 I_1. \text{ Gleichgesetzt mit } U_2 = R I_1$$

(nach Tafel 1.1, IUQ-Zeile) erhalten wir zusammenfassend

$$U_2 = -R_1 I_1 \quad \text{oder} \quad R = -R_1$$

und die Darstellung Abb. 1.7e.

Entsprechend lesen wir aus Abb. 1.7f unter Beachtung von Tafel 1.1, UIQ-Zeile, ab:

$$I_2 = G_1 U_1 \quad \text{oder} \quad G = -G_1$$

oder zusammenfassend gilt Abb. 1.7g.

Ein OV mit den in (1.6) genannten Eigenschaften ist nur näherungsweise tatsächlich herstellbar. Für tiefe Frequenzen ist ein Ersatzbild mit nur drei Ohmwiderständen und einer UUQ mit großer reeller Verstärkung wirksam (Abb. 1.8a). Bei verfeinerten Untersuchungen

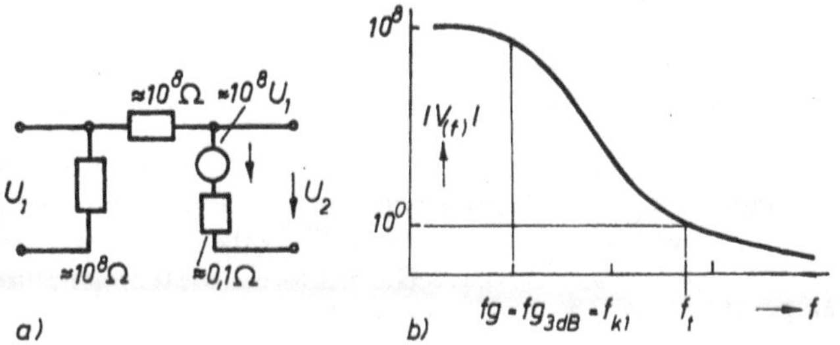

Abb. 1.8 Realer OV

a) Ersatzbild für tiefe Frequenzen (Werte als Größenvorstellung)
b) Prinzipverlauf der Verstärkung des Frequenzganges ($f_g \approx \ldots$ kHz, $f_t \approx \ldots$ GHz)

spielt der Frequenzgang der Verstärkung $V(\omega)$ eine weitere Rolle. Abb. 1.8b zeigt den Prinzipverlauf und ausgewählte erzielbare Werte. Durch Darstellung im Bode-Diagramm und Rechnen mit (bis zu drei) Knickfrequenzen kann eine aussagekräftige Nachbildung der tatsächlichen Verhältnisse gefunden werden [K 13]. Abschließend stellen wir fest, *reale aktive Elemente werden effektiv durch Ersatzbilder*, bestehend aus idealen Teilen (hier dem OV) und zusätzlichen (vorzugsweise passiven R und C) Elementen, *modelliert.*

1.1.2.3. Übersetzervierpole

Übersetzervierpole sind Vierpole, die eine beliebige komplexe Lastimmittanz in eine Betriebsimmittanz am Vierpoleingang vorzeichenbehaftet konvertieren (Proportionalübersetzer) oder invertieren (Dualübersetzer).

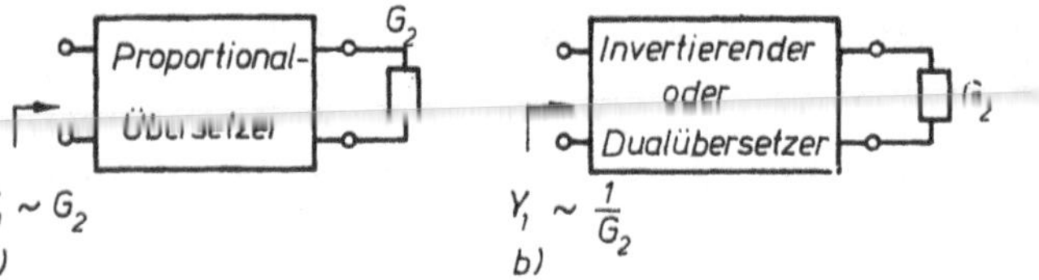

Abb. 1.9 Übersetzervierpole
a) Proportionalübersetzer
b) Dualübersetzer

Demgemäß sind es Grundvierpole, bei denen entweder nur die Hauptdiagonale oder nur die Nebendiagonale der Kettenmatrix besetzt ist. (Die anderen Matrixelemente sind identisch Null.) Zum anderen sind es spezielle Anordnungen, die (im Gegensatz zu beiden vorangegangenen Abschn. 1.2.1 und 1.2.2) in beiden Richtungen übertragen, die wir mit zwei, geeignet zusammengeschalteten, gesteuerten Quellen erzeugen können, z. B. zeigt zunächst Abb. 1.10a die „Antiparallelschaltung" einer invertierenden- und einer nichtinvertierenden UIQ. Mit den gewählten Bezeichnungen gilt unter Beachtung von Tafel 1.1

$$\boldsymbol{Y} = \begin{pmatrix} 0 & 0 \\ -G_{01} & 0 \end{pmatrix} + \begin{pmatrix} 0 & G_{02} \\ 0 & 0 \end{pmatrix} = \begin{pmatrix} 0 & G_{01} \\ -G_{02} & 0 \end{pmatrix} \quad (1.7)$$

oder ausgeschrieben

$$\begin{aligned} I_1 &= G_{02} U_2 , \\ I_2 &= G_{01} U_1 , \end{aligned} \tag{1.7a}$$

d. h., Ströme und Spannungen sind jeweils wechselseitig zueinander proportional. Besonders nützlich für Anwendungen ist der Betriebsleitwert vorwärts Y_1, wenn

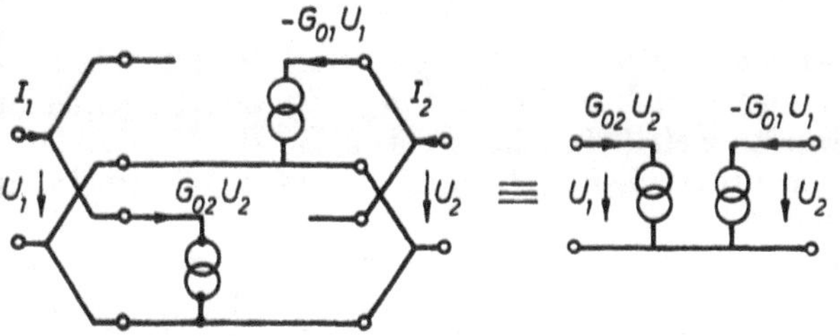

Abb. 1.10 Antiparallelschaltung einer invertierenden und einer nicht invertierenden UIQ

allgemein die (Sekundär-)Last durch $G_2 = (-I_2)/U_2$ gekennzeichnet wird. Umgestellt folgt dann aus (1.7a)

$$Y_1 = \frac{I_1}{U_1} = G_{01} G_{02} \frac{U_2}{-I_2} = \frac{G_{01} G_{02}}{G_2}, \tag{1.7b}$$

d. h., bei rellen $G_{0\nu}$ $(\nu = 1{,}2)$ wird der i. a. komplexe Lastleitwert in seinen dualen oder inversen Wert (Dualitätskonstante $G_0 = \sqrt{G_{01} G_{02}}$) übersetzt. Dieser Positiv-Dualübersetzer ist als *Gyrator* in der Literatur seit 1948 bekannt (Tellegen [T 11] hat ihn bei der Suche nach „einfachsten" linearen, konzentrierten, passiven Systemen per definitionem als vierpoliges Netzwerkelement mit $\Delta A = 1$, d. h. $G_{01} = G_{02}$, eingeführt), er nimmt in der RC-aktiven Netzwerksynthese einen Vorzugsplatz ein. Der Grund dafür ist einfach darin zu sehen, daß er gemäß (1.7b) — zunächst sehr einfach rechnerisch —

bei kapazitivem Abschluß

$$G_2 = j\omega C$$

ein

$$Y_1 = \frac{G_{01}G_{02}}{j\omega C_2} = \frac{1}{j\omega L} \tag{1.7c}$$

erzeugt, d. h. eine Induktivität der Größe

$$L = \frac{C_2}{G_{01}G_{02}} \tag{1.7d}$$

verwirklicht. So ist ein Weg gewiesen, in den toleranzfesten und nach herkömmlichen Methoden berechneten *LC*-Schaltungen (Einzelheiten s. z. B. Bd. II) die integrationsunfreundlichen *L* durch Gyrator-C-Zweipole zu ersetzen.

Weitergehende Untersuchungen zeigen, daß die verschiedenen Kombinationsmöglichkeiten der gesteuerten Quellen insgesamt auf *vier Arten von Übersetzer-Vierpolen* führen. Im Fall der *Proportionalübersetzer* oder bei $A_{12} = A_{21} = 0$ gilt

$$Z_1 = \frac{A_{11}}{A_{22}} R_2, \tag{1.8a}$$

und im Fall der *Dualübersetzer* oder bei $A_{11} = A_{22} = 0$ wird

$$Z_1 = \frac{A_{12}}{A_{21}} \frac{1}{R_2}. \tag{1.8b}$$

Durch zusätzliche Vorzeichen entstehen vier grundsätzliche Varianten.

Das äußere — gestrichelt eingerahmte — Feld in Tafel 1.2 zeigt das Zusammenspiel, die Gesetze und die Quellenersatzbilder im Überblick. Die Steuerparameter der Quellen sind dabei allgemein durch die Kettenmatrixelemente ausgedrückt. Bei den Proportionalübersetzern (oder Impedanzkonvertern oder IK) unterscheiden wir zusätzlich

- Positivübersetzer (PIK) mit $\Delta A > 0$, einer Kennziffer 00 und den Spezialfällen

Zusammenhänge n-AIK ⇆ Übersetzervierpole im Überblick

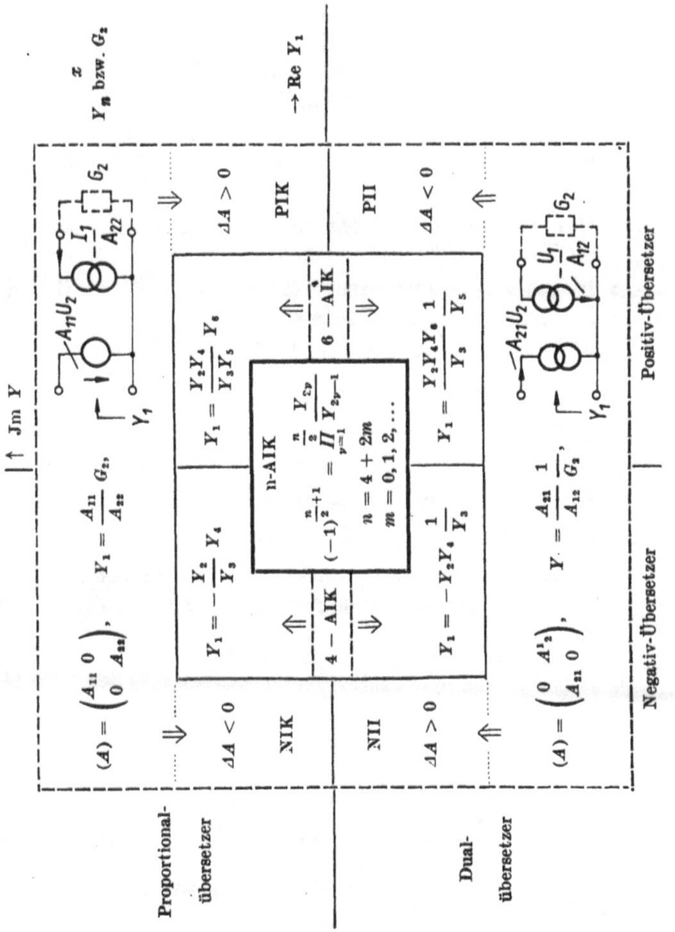

- Idealer Übertrager ($\Delta A = 1$ mit reellen A_{11} bzw. A_{22})
- UUQ ($A_{11} \neq 0$, $A_{22} = 0$)
- IIQ ($A_{11} = 0$, $A_{22} \neq 0$)
- OV ($A_{11} = 0$, $A_{22} = 0$, auch Nullor genannt)

- Negativübersetzer (NIK) mit $\Delta A < 0$, einer Kennziffer 01 und den Spezialfällen
  - INIK ($A_{11} > 0$, $A_{22} < 0$, Phasenumkehr des Stromes)
  - UNIK ($A_{11} < 0$, $A_{22} > 0$, Phasenumkehr der Spannung).

Bei den Dualübersetzern (oder Impedanzinvertern oder II) unterscheiden wir zusätzlich

- Negativ-Dualübersetzer (NII) mit $\Delta A > 0$, einer Kennziffer 10 und den Spezialfällen
  - Negativgyrator ($\Delta A = 1$, A_{12} und A_{21} reell) (i. e. S.)
  - UIQ ($A_{12} \neq 0$, $A_{21} = 0$)
  - IUQ ($A_{12} = 0$, $A_{21} \neq 0$)
  - OV ($A_{12} = 0$, $A_{21} = 0$)
- Positiv-Dualübersetzer (PII) mit $\Delta A < 0$, einer Kennziffer 11 und den Spezialfällen
  - Gyrator ($\Delta A = 1$, A_{12} positiv reell) (i. e. S.)

Die Kettenschaltung von Übersetzervierpolen ergibt stets wieder einen Übersetzervierpol. Es gilt die einfache Regel

|| Kennziffern modulo zwei addieren. (1.9)

Beispiele:

1. Kettenschaltung zweier Gyratoren?
Wegen $1\ 1 + 1\ 1 = 2\ 2 = 0\ 0$
ist der resultierende Vierpol ein idealer Übertrager.

2. Kettenschaltung eines Gyrators und eines Negativgyrators?
Wegen $1\ 1 + 1\ 0 = 2\ 1 = 0\ 1$
ist der resultierende Vierpol ein Negativimpedanzkonverter (NIK).

Ferner gilt: Die Kettenschaltung dual gesteuerter Quellen ergibt proportional gesteuerte Quellen. (Die Umkehrung gelingt nur, wenn ein Längswiderstand Q bzw. ein

Tafel 1.3
Gyratorgesetze und -orsatzbilder

Definition:	Gyratorsymbol
$I = Y_{12}U_2 = G_{02}U_2$ $I_2 = Y_{21}U_1 = -G_0 U$	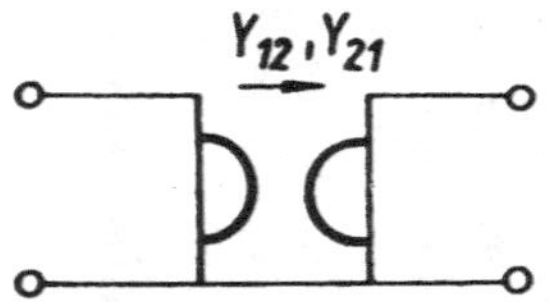

VP-Matrizen des Gyrators mit			
$R_{0\nu} = \frac{1}{G_{0\nu}}$	$Z = \begin{pmatrix} 0 & \pm R_{01} \\ \mp R_{02} & 0 \end{pmatrix}$ mit $\Delta Z = R_{01}R_{02}$	$Y = \begin{pmatrix} 0 & \pm G_{02} \\ \mp G_0 & 0 \end{pmatrix}$ mit $\Delta Y = G_{01}G_{02}$	$A = \begin{pmatrix} 0 & \mp R_0 \\ \mp G_{02} & 0 \end{pmatrix}$ mit $\Delta A = -\frac{R_{01}}{R_{02}}$

Gyratorersatzbilder $= f(Y_{\mu\nu})$

Idealer oder verlustloser Gyrator
(d. h. $Y_{11} = Y_{22} = 0$)

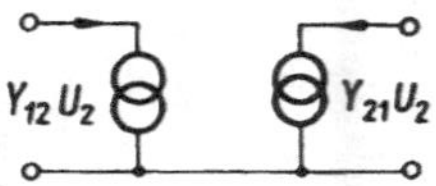

Realer oder verlustbehafteter Gyrator
($Y_{11} \neq 0$, $Y_{22} \neq 0$)

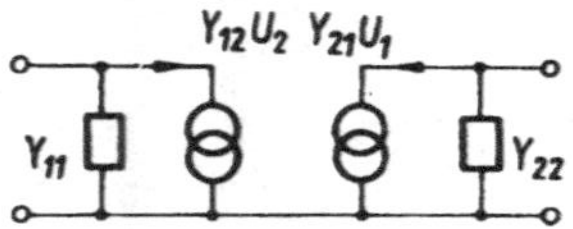

Querleitwert G zwischen beide Quellen geschaltet wird [F 3].)

Vermehrte Bedeutung hat der *Gyrator*. In Tafel 1.3 ist zunächst sein Schaltsymbol dargestellt. Der Pfeil deutet eine Präzisierung an (Betrieb in Vorwärtsrichtung) und u. U. hinzugefügte Vierpolparameter kennzeichnen „Systemwerte" des Gyrators. $Y_{12} \neq Y_{21}$ repräsentiert den allgemeinen Fall. (Die zuvor als Gyrator i. e. S. bezeichnete Variante bedeutet den Spezialfall $Y_{12} = -Y_{21} = G =$ Gyrationsleitwert mit $\Delta A = -1$.) Allgemein gilt

$$Z_{12} \neq Z_{21} \quad \text{oder} \quad Y_{12} \neq Y_{21} \quad \text{oder} \quad A_{12} = A_{21}. \tag{1.10}$$

Die PII-Eigenschaft bleibt trotzdem erhalten, wenn nur (wie es die Matrizen in Tafel 1.3, zweite Zeile, ausweisen) jeweils entgegengesetzte Vorzeichen bei den Nebendiagonalelementen wirksam sind. Noch mehr klassifizierend können wir sagen:

$$\begin{aligned} |\Delta A| &< 1 = \text{Gyrator verstärkt in Vorwärtsrichtung,} \\ |\Delta A| &= 1 = \text{Gyrator i. e. S.} = \text{passiver Gyrator,} \\ |\Delta A| &> 1 = \text{Gyrator, verstärkt in Rückwärtsrichtung.} \end{aligned} \tag{1.10a}$$

Realer Gyrator

Vierpolmäßig kann (ausgehend von den Definitionsgleichungen) sofort das Ersatzschaltbild des idealen oder verlustlosen Gyrators aufgezeichnet werden (Tafel 1.3, dritte Zeile links). Tatsächlich werden, z. B. in der Leitwertmatrix, die Hauptdiagonalelemente durch kleine positive Größen repräsentiert. Wenn diese in Rechnung gesetzt werden, sprechen wir vom *realen* oder verlustbehafteten *Gyrator*. Universell ist das daraus resultierende „Zwei-Generator-Ersatzbild", wie in Tafel 1.3, dritte Zeile rechts, skizziert. Es ist einfach die Deutung der „vollbesetzten" Leitwertmatrix.

(Andere, hier nicht verfolgte Möglichkeiten basieren auf der Zerlegung in einen passiven Gyrator und je eine

Tafel 1.4.
Vierpoleigenschaften des Gyrators

Leitwertparameter		Stabilität	Passivität, Aktivität
Idealer Gyrator ($G_{11} = G_{22} = 0$)	$G_{01} = G_{02} = G$	unbedingt stabil für beliebige passive Lastimmittanzen	passiv
	$G_{01} \neq G_{02}$		aktiv
	$Y_{01} = Y_{02} = G + jB$ bzw. $Y_{01} \neq Y_{02}$	bedingt stabil	aktiv
Realer Gyrator ($G_{11}, G_{22} \neq 0$)	$G_{01} = G_{02} = G$	unbedingt stabil für beliebige passive Lastimmittanzen	passiv
	$G_{01} \neq G_{02}$		aktiv, Passivität möglich
	$Y_{01} = Y_{02} = G + jB$ bzw. $Y_{01} \neq Y_{02}$	i. a. bedingt stabil, bei speziellen G_{11}- und G_{22}-Werten auch unbedingt stabil	aktiv, Passivität bei speziellen G_{11}- und G_{22}-Werten möglich

Verlustgröße am Vierpoleingang und am Vierpolausgang ([H 1]). Tafel 1.4 gibt eine Übersicht von den Vierpoleigenschaften des Gyrators. Bei der elektronischen (aktiven) Nachbildung des Gyrators sind wegen der Übertragungsunsymmetrie (= nichtreziprokes Netzwerkverhalten) stets gesteuerte Quellen notwendig. Langjährige Forschungs- und Entwicklungsarbeit hat gezeigt, daß zweckmäßig zwischen

- Mitkopplungsprinzipien (Negative R, NI) und
- Gegenkopplungsprinzipien

unterschieden wird. Nur auf die zweite Art lassen sich erforderliche niedrige Güteempfindlichkeiten erzielen.

Beispiel 1.3

Zweipoleigenschaften eines beschalteten Gyrators

Gegeben: Mit $G_{\nu\nu} + pG_\nu$ ($\nu = 1{,}2$) beschalteter idealer Gyrator mit $Y_{21} = -G_{01}$ und $Y_{12} = G_{02}$, wie in Abb. 1.11a skizziert.

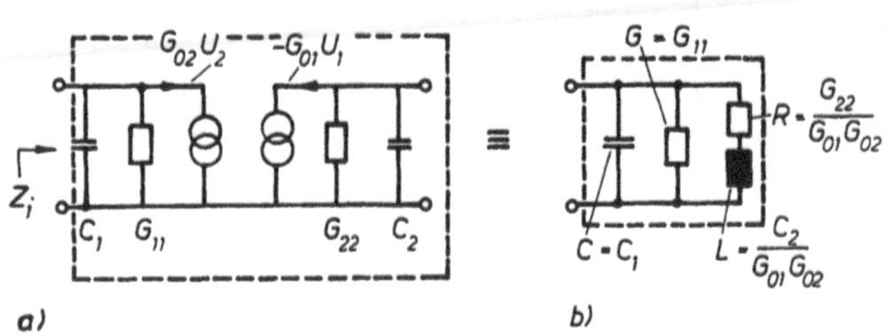

Abb. 1.11 Ersatzbilder eines verlustbehafteten Gyrators, der mit C_1 und C_2 beschaltet ist

a) Leitwertparameterform mit
$Y_{11} = G_{11}$, $Y_{12} = G_{02}$, $Y_{21} = -G_{01}$, $Y_{22} = G_{22}$

b) „Passive" $LCRG$-Form

Gesucht:

1. Immittanzfunktion $Z_1 = \dfrac{U_1}{I_1}$ allgemein?

2. Polgüte und Polfrequenz von Z_1 gemäß (II 2.9b)?
3. Passive Ersatzschaltung von Z_1 und deren Deutung?
(Lösungshilfe: Z_1 als Summe von Teilleitwerten darstellen)

Lösung:

Zu 1. Beim Vergleich von Abb. 1.11a mit dem allgemeinen Gyratorersatzbild gemäß Tafel 1.3 rechts unten finden wir

$$Y_{11} = G_{11} + pC_1, \quad Y_{12} = G_{02},$$
$$Y_{21} = -G_{01}, \quad Y_{22} = G_{22} + pC_2.$$

Nach Tafel I 2.7 erhalten wir (bei $G_2 = 0$)

$$Z_1 = \frac{1}{Y_1} = \frac{1}{Y_{11} - \dfrac{Y_{12}Y_{21}}{Y_{22}}} = \frac{1}{G_{11} + pC_1 + \dfrac{G_{01}G_{02}}{G_{22} + pC_2}} \tag{1.11a}$$

$$= \frac{G_{22} + pC_2}{\dfrac{G_{01}G_{02} + G_{11}G_{22}}{C_1C_2} + \left(\dfrac{G_{11}}{C_1} + \dfrac{G_{22}}{C_2}\right)p + p^2}. \tag{1.11b}$$

Zu 2. Die Gleichsetzung des Nenners von (1.11b) mit

$$\omega_0^2 + \frac{\omega_0}{Q}\,p + p^2$$

hat die Bestimmungsgleichungen

$$\omega_0 = \sqrt{\frac{G_{01}G_{02} + G_{11}G_{22}}{C_1C_2}}, \tag{1.11c}$$

$$Q = \frac{\sqrt{G_{01}G_{02} + G_{11}G_{22}}}{G_{11}\sqrt{\dfrac{C_2}{C_1}} + G_{22}\sqrt{\dfrac{C_1}{C_2}}} \tag{1.11d}$$

zur Folge.

Zu 3. Wenn wir das letzte Nennerglied von (1.11a) auf die Form

$$\frac{1}{\dfrac{G_{22}}{G_{01}G_{02}} + p\,\dfrac{C_2}{G_{01}G_{02}}}$$

bringen und den Gesamtterm für Z_1 betrachten, stellen wir fest, daß ein Ausdruck der Art

$$Z_1 = \frac{1}{pC + G + \dfrac{1}{R + pL}} \tag{1.11e}$$

mit einer Ersatzschaltung, wie in Abb. 1.11b skizziert, vorliegt. Ein beidseitig kapazitiv beschalteter Gyrator (mit reellen Gyrationsleitwerten und reellen Verlustleitwerten) repräsentiert einen *verlustbehafteten Schwingkreis* mit den zuvor berechneten Kennwerten ω_0 und Q. Außerdem gilt

$$Z_1(0) = \frac{G_{22}}{G_{11}G_{22} + G_{01}G_{02}} \text{ und } Z_1(\infty = 0). \tag{1.11f}$$

1.1.3. Übersetzer-6-Pole

Vorbetrachtung

Auf der Suche nach leistungsfähigen Strukturen mit induktivem Klemmenverhalten stellte 1967 RIORDAN [R 14] die in Abb. 1.12a skizzierte Struktur vor. Grundidee und Reichweite dieses Vorschlages rechtfertigen die folgende gesetzmäßige Formulierung. Aus dem Schaltbild lesen wir ab. Da die differentielle OV-Eingangsspannung jeweils gleich Null ist (d. h., U_1 liegt noch an Knoten 3 und 5) folgt von rechts beginnend

$$I_1 = Y_6 U_1,$$

$$U_3 = \frac{I_1}{Y_5} + U_1$$

oder

$$U_3 = U_1 \left(1 + \frac{Y_6}{Y_5}\right)$$

und

$$0 = \frac{U_2 - U_3}{Y_3 + Y_4} Y_3 + \frac{U_3}{Y_5 + Y_6} Y_6$$

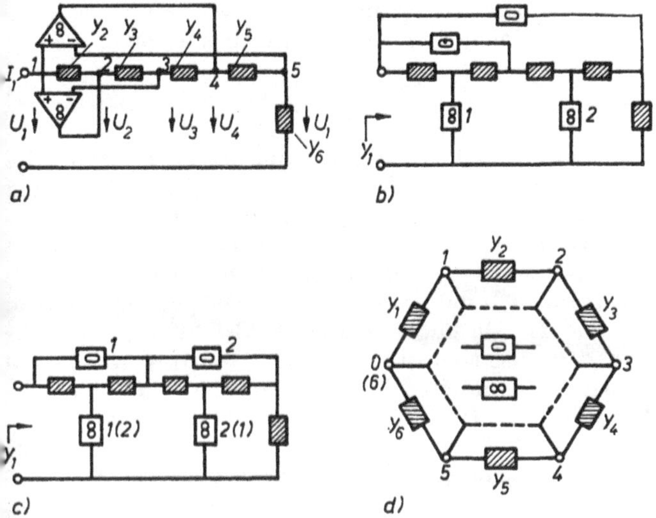

Abb. 1.12 RIORDAN-Struktur zur Erzeugung induktiven Klemmenverhaltens
a) Leitwertkette mit 2 OV
b) Nullator-Norator-Darstellung
c) Nullator-Norator-Darstellung der GORSKI-POPIEL- und (der ANTONIOU-Struktur)
d) Sechspol-Darstellung der Leitwertkette mit 2 OV (AIK-Form)

oder

$$U_2 = U_1 \left(1 - \frac{Y_4 Y_6}{Y_3 Y_5}\right)$$

bzw.

$$I_1 = (U_1 - U_2)\, Y_2 = U_1 \frac{Y_2 Y_4 Y_6}{Y_3 Y_5}$$

oder

$$Y_1 = \frac{I_1}{U_1} = \frac{Y_2 Y_4 Y_6}{Y_3 Y_5}. \qquad (1.12)$$

(1.12) ist die Grundgleichung eines *erweiterten Positiv-Proportional*-Übersetzers (PIK), z. B. erscheint Y_1 positiv mit p^{-1} konvertiert, wenn Y_3 oder Y_5 kapazitive Leitwerte und alle übrigen Leitwerte reell sind, da

$$Y_1 = \frac{G_2 G_4 G_6}{p C_{3,5} G_{5,3}}. \tag{1.12a}$$

Gorski-Popil [G 20] und Antoniou [A 14] stellen im gleichen Jahr weitere Strukturen vor. Unter Beachtung der Nullator-Norator-Darstellung für einen OV beschreiben die in Abb. 1.12b und c skizzierten Ausführungen die verschiedenen Strukturen. Da zunächst mit (1.12) nur geerdete Induktivitäten aktiv nachgebildet werden, war die Einführung des *FDNR-Elementes* (frequency-dependent-negativ-resistor) durch Bruton [B 17] ein genialer Fortschritt. Darunter verstehen wir künstliche Zweipole mit (vorzugsweise quadratischer) Frequenzabhängigkeit. Wir können uns praktisch auf die *Super-2-Kapazität* $C_{(2)}$ beschränken, die einen Leitwert

$$p^2 C_{(2)} \tag{1.13}$$

repräsentiert. (1.13) könnte z. B. durch Y_1 in (1.12) nachgebildet werden, wenn Y_4 und Y_6 kapazitiv und alle anderen Y_ν ($\nu = 2, 3, 5$) reell realisiert werden. (Entsprechend kann eine Super-2-Induktivität $L_{(2)}$ mit dem Widerstand $p^2 L_{(2)}$ definiert werden. Auch höhere Formen $C_{(n)}$ mit $p^n C_{(n)}$ und $L_{(n)}$ mit $p^n L_{(n)}$ sind denkbar.) Bei stationärer Betrachtung stellt (1.13) mit $-\omega^2 C_{(2)}$ einen frequenzabhängigen negativen „Leitwert“ dar. Aus dieser Eigenschaft ist die Bezeichnung FDNR hergeleitet.

Durch die *„Bruton-Transformation“* kann jederzeit aus einem *LRC*-Netzwerk ein $R'C'C'_{(2)}$-Netzwerk hergeleitet werden. Im einzelnen wollen wir die Methode an einem *LRC*-Tiefpaß kennenlernen. Wenn eine Struktur nach Abb. 1.13a mit

$$\frac{U_2}{U_1} = \frac{\frac{1}{pC}}{R + pL + \frac{1}{pC}} \tag{1.14}$$

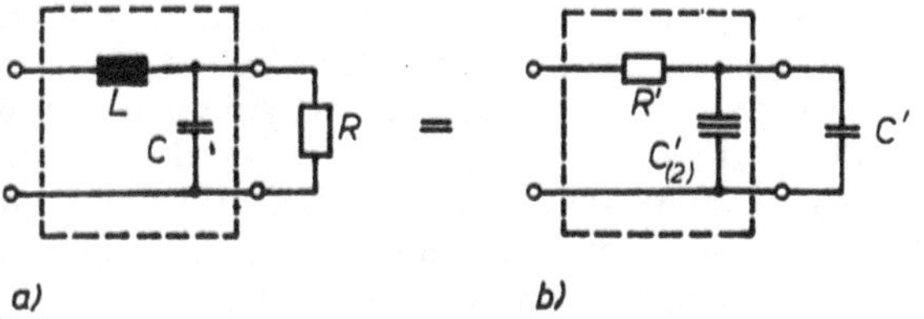

Abb. 1.13 Zur Veranschaulichung der BRUTON-Transformation
a) LRC-Netzwerk
b) Übertragungsäquivalentes $R'C'C'_{(2)}$-Netzwerk

gegeben ist, so bleibt bei einer gleichzeitigen Erweiterung des Zählers und Nenners mit $\frac{1}{K_0 p}$ die Gesetzmäßigkeit (1.14) erhalten. Der rechte Term nimmt lediglich die Form

$$\frac{U_2}{U_1} = \frac{\frac{1}{p^2 C K_0}}{\frac{R}{pK_0} + \frac{L}{K_0} + \frac{1}{p^2 C K_0}} \tag{1.15}$$

an. Die jeweils rechten Seiten von (1.14) und (1.15) entsprechen sich *formal* völlig bei den Zuordnungen

$$\begin{aligned} R &\triangleq \frac{R}{pK_0} = \frac{1}{pC'}, \\ pL &\triangleq \frac{L}{K_0} = R', \\ pC &\triangleq p^2 C K_0 = pC'_{(2)} \end{aligned} \tag{1.16}$$

oder

$$C' = \frac{K_0}{R}, \quad R' = \frac{L}{K_0}, \quad C'_{(2)} = CK_0. \tag{1.17}$$

Wegen des gleichen „Aufbaues“ von (1.15) auf der rechten Seite repräsentiert Abb. 1.13b die zugehörige

Struktur mit einem Super-2-Element. Durch diesen Kunstgriff ist anstelle einer „schwimmenden“ Induktivität nur eine *geerdete* $C_{(2)}$-Kapazität nachzubilden. (Wie noch gezeigt wird, kann ein solcher Sachverhalt stets bei Tiefpässen, Hochpässen und Bandpässen erzwungen werden.) Die Umrechnungsgleichungen (1.17) gelten universell für beliebig komplizierte (kopplungsfreie) LRC-Netzwerke und sind denkbar einfach, da die *Konversionskonstante* K_0 bekannt ist (oder gewählt werden kann).

Übersetzer-6-Pole

Die zuvor genannten Ideen waren Anlaß, Übertrager-n-Pole oder n-**A**llgemeine-**I**mmittanz-**K**onverter (n-AIK) zu untersuchen.

H. Timpl [T 14] hat darüber eine aussagekräftige Arbeit vorgelegt und darin sowohl theoretische Möglichkeiten und Grenzen als auch praktische Anwendungen formuliert. Wesentliche Ergebnisse seiner Überlegungen sind

- nur Übersetzer-6-Pole haben vermehrten praktischen Wert,
- von 24 denkbaren Varianten sind nur sechs im praktischen Sinne stabil,
- nur $C_{(2)}$- (oder $L_{(2)}$-) Nachbildungen haben Bedeutung,
- aufgrund von Detailbetrachtungen hinsichtlich des Einschaltverhaltens, des Güteverhaltens bei tiefen und höheren Frequenzen und des Empfindlichkeitsverhaltens ist ein tatsächlicher Einsatz grundsätzlich erfolgversprechend.

Allgemeiner gesehen sind Schaltungen der in Abb. 1.12a bis c skizzierten Art n-Pole. In der Darstellung von Abb. 1.12d kommt das direkt zum Ausdruck. Die „Leitwertkette“ erscheint dabei als „äußerer“ Ring mit den zugänglichen Klemmen und im Inneren befindet sich eine „black-box“ (die aus Nullatoren und Noratoren besteht). Als Sonderfall einer — hier nicht näher begründeten allgemeinen (Beweis dafür s. [T 14]) — Grundgleichung in Tafel 1.2, inneres Viereck, erkennen wir für $n = 6$ die

$$\text{PIK-Gleichung} \quad Y_1 = \frac{Y_2 Y_4}{Y_3 Y_5} Y_6 \tag{1.18a}$$

und die

$$\text{PII-Gleichung} \quad Y_1 = \frac{Y_3 Y_4 Y_6}{Y_3} \frac{1}{Y_5}. \tag{1.18b}$$

Für $n = 4$ geht der n-AIK-Ansatz in die Gleichungen für NIK- bzw. NII-Formen über.

In Tafel 1.5 sind die praktikablen Übersetzer-6-Pole zusammengestellt. Kurze Bemerkungen über ihre Eigenschaften sind ergänzend hinzugefügt. Tatsächliche Ver-

Tafel 1.5
Zusammenstellung der praktikablen 6-AIK-Strukturen

Darstellung der 6-AIK (1-3, 1-5) Struktur

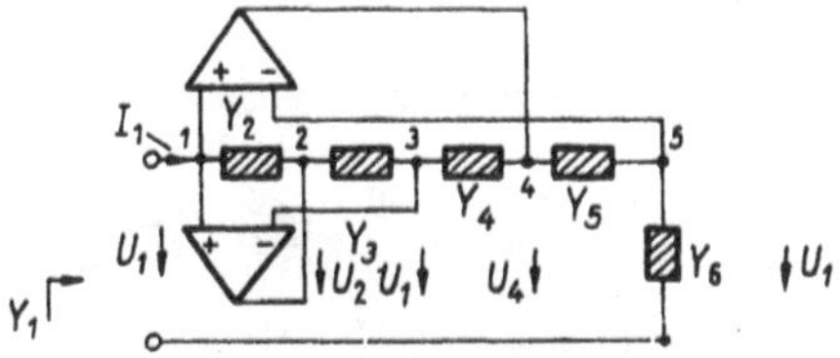

Vereinbarung für den Klammerinhalt: + − „Knoten" des 1. Verstärkers, + − „Knoten" des 2. Verstärkers

Praktikable Strukturen	(1 − 3, 1 − 5) R(iordan)-Struktur	(5 − 1, 5 − 3) Inverse R- oder R^{-1}-Struktur
	(5 − 1, 1 − 3) T(impl)-Struktur	(5 − 3, 5 − 1) Inverse T- oder T^{-1}-Struktur
	(5 − 3, 1 − 3) A(ntoniou)-Struktur	(1 − 3, 3 − 5) G(orski-Popiel)-Struktur

Vergleich: R- und R^{-1}-Struktur vorteilhaft bei tiefen Frequenzen
T-, T^{-1} (und A-Struktur) vorteilhaft bei hohen Frequenzen
G-Struktur (vergleichsweise) unbrauchbar.

wendungsmöglichkeiten bieten sich als *Zweipol* mit

$$Y_1 = \frac{1}{pL} \text{ (= Ersatz einer Induktivität)} \tag{1.19}$$

und mit

$$Y_1 = p^2 C_{(2)} \text{ (= Ersatz einer Super-2-Kapazität).} \tag{1.20}$$

Wenn (1.12) zugrunde gelegt wird, kann das durch Y_2 oder Y_4 und Y_6 kapazitiv und alle anderen Leitwerte reell, d. h. mit

$$Y_1 = p^2 \frac{C_{2,4} G_{4,2}}{G_3 G_5} C_6, \tag{1.20a}$$

verwirklicht werden,
und als *Vierpol*

$$\boldsymbol{A}_{6\text{-AIK}} = \begin{pmatrix} 1 & 0 \\ 0 & K(p) \end{pmatrix} \tag{1.21}$$

mit dem *Konversionsfaktor*

$$K(p) = \frac{Y_2 Y_4}{Y_3 Y_5}, \tag{1.21a}$$

dem „sekundären" Lastleitwert Y_6 und dem Betriebsleitwert

$$Y_1 = K(p) \cdot Y_6. \tag{1.21b}$$

Für die Praxis erweist sich bereits ein spezielles Konverterkonzept als ausreichend.

Konvertervierpole

Von weitergehender Bedeutung sind die Spezialformen, wenn der Konversionsfaktor $K(p)$ gemäß (1.21a)

1. proportional zu $\frac{1}{p}$ (p-Impedanz-Konverter) oder
2. proportional zu p (p-Admittanz-Konverter) oder

3. proportional zu $\frac{1}{p^2}$ (p^2-Impedanz-Konverter) oder
4. proportional zu p^2 (p^2-Admittanz-Konverter) (1.22)

gewählt wird. Wie leicht einzusehen ist, wären der p-Impedanz-Konverter bzw. der p^2-Admittanz-Konverter (bei jeweils reellen Abschlüssen Y_6 gemäß (1.21 b)) geeignet, eine Induktivität L bzw. eine Superkapazität $C_{(2)}$ nachzubilden. Tatsächlich genügt schon die Betrachtung des *p-Impedanz-Konverters* (oder abgekürzt p-I-K), da er — wie nachstehend gezeigt wird —, zweckmäßig beschaltet und als Zwei- oder Vierpol betrieben, in der Lage ist, Probleme

— der L-Nachbildung,
— der $C_{(2)}$-Nachbildung bzw.
— der BRUTON-Transformation von Vierpolen

effektiv zu verwirklichen.

Der Konversionsfaktor des p-I-K sei mit

$$K = \frac{1}{K_0 p} \tag{1.23}$$

definiert. (Die Besonderheit, daß der reelle Proportionalitätsfaktor im Nenner steht, wird bewußt hingenommen. Die bisher entwickelten Gleichungen basieren vorzugsweise auf Leitwertgrößen, und die gewählte Definition von K_0 ist ein zusätzlicher Hinweis, daß ein p-Impedanz-Konverter vorliegt.)
Tafel 1.6 zeigt übersichtlich geordnet die Einsatzmöglichkeiten, (1.23) eingesetzt in (1.21) führt auf

$$\boldsymbol{A}_{\text{p-I-K}} = \begin{pmatrix} 1 & 0 \\ 0 & \frac{1}{K_0 p} \end{pmatrix}. \tag{1.23a}$$

Das Schaltsymbol des p-I-K ist dem des Gyrators verwandt. Die Konstante K_0 werden wir zusätzlich nennen und durch einen Pfeil auf die „Betriebsrichtung" (→ heißt: Vorwärtsbetrieb) hinweisen.

Tafel 1.6
Einsatzmöglichkeiten des p-Konverters

1. L-Nachbildung

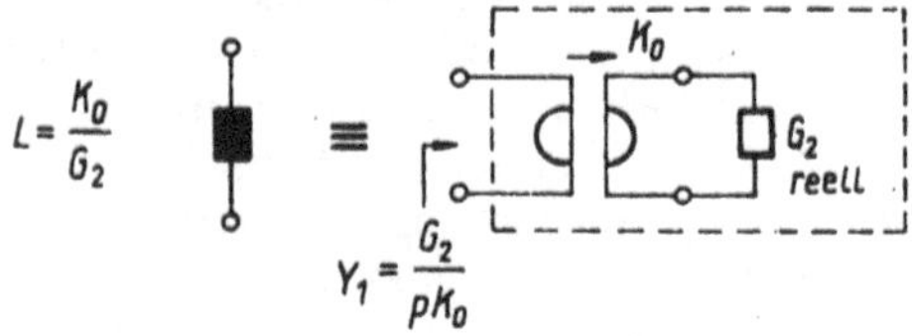

2. C(2)-Nachbildung

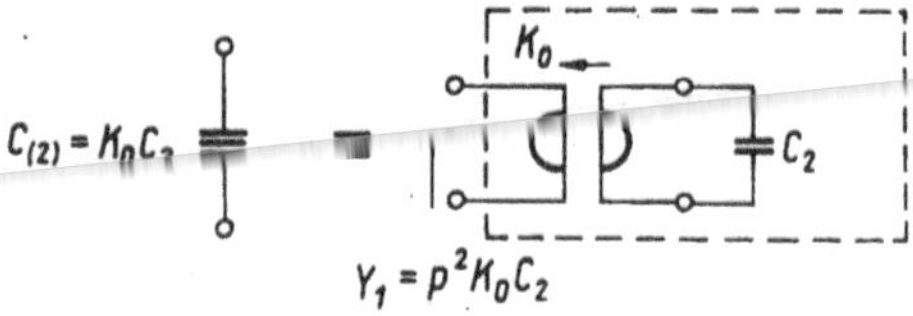

3. Vierpoltransformation

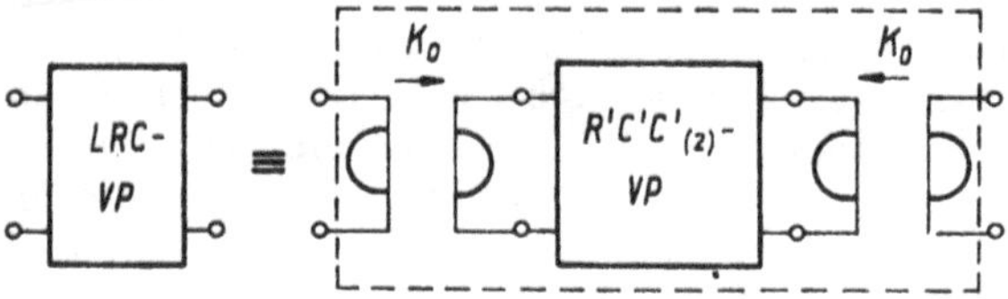

bei $R'_\nu = \frac{L_\nu}{K_0}$, $C'_\nu = \frac{K_0}{R_\nu}$, $C'_{(2)\nu} = C_\nu K_0$

Die erwünschte *L-Nachbildung* wird offenbar wegen

$$Y_1 = \frac{G_2}{pK_0} = \frac{1}{pL} \tag{1.23b}$$

bei *reeller Last* G_2 erzielt. (Tafel 1.6, obere Zeile.) Der umgekehrt eingefügte p-I-K (Tafel 1.6, mittlere Zeile) erzeugt, da jetzt

$$A_{(\text{p-I-K})'} = \begin{pmatrix} 1 & 0 \\ 0 & K_0 p \end{pmatrix} \tag{1.24}$$

gilt, bei *kapazitiver Last* C_2

$$Y_1 = K_0 C_2 p^2 = p^2 C_{(2)} \tag{1.24a}$$

eine *Superkapazität* $C_{(2)}$.

Eine dritte Verwendung erschließt der Einsatz als p-I-K-Vierpole. Da offenbar die Identität

$$\begin{pmatrix} A_{11} & A_{12} \\ A_{21} & A_{22} \end{pmatrix} = \begin{pmatrix} 1 & 0 \\ 0 & \dfrac{1}{pK_0} \end{pmatrix} \begin{pmatrix} A_{11} & \dfrac{A_{12}}{pK_0} \\ pK_0 A_{21} & A_{22} \end{pmatrix} \begin{pmatrix} 1 & 0 \\ 0 & pK_0 \end{pmatrix} \tag{1.25}$$

besteht, die als

‖ *LRC*-Vierpol = Kettenschaltung von p-I-K-Vierpol, $R'C'C'_{(2)}$-Vierpol und (p-I-K)'-Vierpol

gedeutet werden kann, gilt der in Tafel 1.6, untere Zeile, blockbildmäßig veranschaulichte Tatbestand. Die Umrechnung der L_ν, R_ν und C_ν-Elementegrößen in die R_ν, C_ν' und $C'_{(2)\nu}$-Elementegrößen geschieht (wie bekannt) mit (1.17).

(1.25) beschreibt eine vollständige Äquivalenz. Falls es *nur* auf Übertragungsäquivalenzen ankommt ((1.14) und (1.14a) sind dafür ein Beispiel), kann — wie noch in Abschnitt 2.3 gezeigt wird — bei den Anwendungen ein p-I-K eingespart werden, und wir haben damit eine rationelle und universelle Methode (die sich auf die direkte Nachbildung von *LRC*-Netzwerken stützt) kennengelernt.

Beispiel 1.4

Vertrautwerden mit R'-C'-$C'_{(2)}$-Zweipolen

Gegeben: Anordnung wie in Abb. 1.14a skizziert.

Gesucht:

1. „Normierte" Übertragungsimpedanz $\frac{U_2 G_0'}{I_1}$ allgemein und zugehöriger PN-Plan?
2. Polfrequenz ω_0 und Polgüte Q als $f(G_0', C', C_{(2)})$?

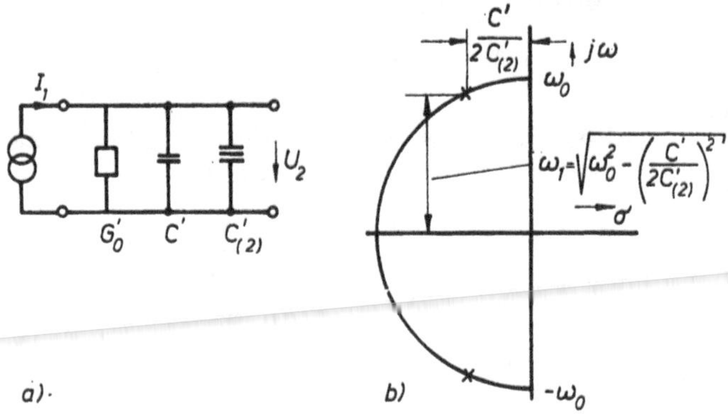

Abb. 1.14 $R'C'C'_{(2)}$-Zweipol
a) Vorgegebene Struktur
b) Zugehöriger PN-Plan

Lösung:

Zu 1. Aus der Schaltung lesen wir ab

$$\frac{I_1}{U_2} = G_0' + pC' + p^2 C'_{(2)}$$

oder

$$\frac{U_2 G_0'}{I_1} = \frac{\frac{G_0'}{C'_{(2)}}}{\frac{G_0'}{C'_{(2)}} + \frac{C'}{C'_{(2)}} p + p^2}$$

mit einem PN-Plan wie skizziert (Abb. 1.14b).

Zu 2. Mit (II 2.9b) gilt

$$\omega_0 = \sqrt{\frac{G_0'}{C'_{(2)}}} \quad \text{und} \quad Q = \frac{\sqrt{G_0' C'_{(2)}}}{C'}, \tag{1.26}$$

d. h., das Netzwerk in Abb. 1.14a verwirklicht einen *verlustbehafteten Schwingkreis*, bei dem die *Polfrequenz* nur von G_0' und $C'_{(2)}$ abhängt und die *Polgüte* (neben G_0' und $C_{(2)}$) entscheidend von C' beeinflußt wird.

Beim Vergleich von (1.26) mit $Q = \frac{\omega_0 C}{G_0}$ des herkömmlichen passiven L-R_0 $\left(= \frac{1}{G_0}\right)$ C--Zweipols fällt auf, daß C' ganz entsprechend die Rolle des ohmschen „Resonanzleitwertes" ($\triangleq$ Maß für die „Verluste") übernommen hat.

1.1.4. RC-Resonatoren

Wir folgen einem Vorschlag von R. Böhme [B 14] und stellen zunächst wichtige Grundeigenschaften anhand des Begriffs *RC-Resonator* vor. Darunter verstehen wir eine *RC*-aktive Schaltung mit einem Nennerpolynom zweiten Grades *ohne* Erregung (d. h., Spannungsquellen werden durch Kurzschlüsse ersetzt und Stromquellen werden weggelassen). Da allgemein gilt, daß die Nennereigenwerte nicht von der Ansteuerung abhängen, können wir daraus nützliche Eigenschaften für den technischen Aufbau von „unempfindlichen" *RC*-aktiven Bausteinen herleiten, die zugleich einen aussagekräftigen Vergleich der verschiedenen Ausführungen zulassen.

Durch die Resonatorbetrachtungsweise werden vor allem die Methoden der Erzeugung komplexer Übertragungspole deutlich. Wir unterscheiden zwischen idealen Resonatoren, gekennzeichnet durch den Einsatz idealer gesteuerter Quellen (Operationsverstärker mit Leerlaufverstärkungsfaktor $V \to \infty$), und realen Resonatoren. Bei realen Resonatoren wird prinzipiell endliche (wenn auch genügend hohe) Leerlaufverstärkung vorausgesetzt. Die wesentlichste praktische Grenze der aktiven *RC*-Netzwerke ist bekanntlich durch das unbefriedigende Frequenzverhalten der Operationsverstärker gegeben. Dies kann, wie bereits erwähnt, sehr gut näherungsweise durch entsprechende komplexe Leerlaufverstärkungsfaktoren $V(p)$ berücksichtigt werden.

$$V(p) = \frac{V}{(pT_1 + 1)(pT_2 + 1)(pT_3 + 1)} \tag{1.27}$$

mit den „Knickfrequenzen" $\omega_{k\nu} = \frac{1}{T_\nu}$ $(\nu = 1, 2, 3)$.

Ein brauchbarer Ansatz ergibt sich bereits für $T_2 = T_3 = 0$ bei gut kompensierten Operationsverstärkern, der gegebenenfalls für V in die Ergebnistafel 1.11 eingesetzt werden kann.

Prinzipiell unterscheiden wir drei Möglichkeiten der *Polerzeugung*

1. Schleifenschaltung von Verstärker und RC-Nullfilter (hauptsächlich mit einem OV), die in der Kaskadentechnik vorzugsweise angewendet wird,
2. Elektronische Nachbildung von LC- bzw. $RC_{(2)}$-Resonanzkreisen (hauptsächlich mit zwei OV),
3. Nachbildung von Elementen der Analogrechentechnik (hauptsächlich mit 3OV).

Resonatoren mit einem OV

Zur Erläuterung stützen wir uns im Vorgriff auf die in Abschnitt 2.3, Tafel 2.10 (links) angegebene Bandpaßschaltung und das dort genannte Analyseergebnis

$$\frac{U_2}{U_1} = \frac{-pG_sC_b}{\left(1 + \frac{1}{V}\right)(p^2C_aC_b + pG_d(C_a + C_b) + G_dG_s) + \frac{1}{V}\,pG_sC_b}. \tag{1.28}$$

Die Schaltung ist in Abb. 1.15a dargestellt. Der zur Funktion nicht unbedingt erforderliche Leitwert G_c wurde dabei weggelassen. Wenn wir die Quelle U_1 in Abb. 1.15a durch einen Kurzschluß ersetzen, haben wir ein einfaches Beispiel für einen RC-Resonator, der aus einer Schleifenschaltung des simpelsten RC-Nullfilters mit einem invertierenden Verstärker (mit durchgehender Erde) besteht. Dabei verstehen wir unter *RC-Nullfilter* ein passives *RC*-Netzwerk, das komplexe (bzw. als Sonderfall rein imaginäre) Übertragungsnullstellen besitzt. Aus dem damit bedingten „Bandsperren"-Verhalten des *RC*-Nullfilters im Gegenkopplungszweig wird für $V \to \infty$ durch Kehrwertbildung (Inversion) Bandpaßverhalten der Gesamtschaltung erzeugt.

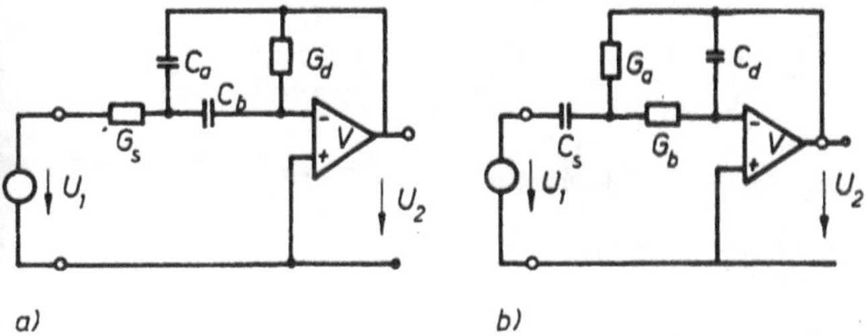

Abb. 1.15 *RC*-aktive Strukturen zweiten Grades (Funktionsblöcke mit Quelle Resonatoren bei kurzgeschlossener Spannungsquelle)
a) Inversions-Bandpaß
b) Inversions-Bandpaß mit vertauschten passiven Elementen

Die überbrückte T-Schaltung ändert ihre Eigenschaften bei Vertauschung von R und C nicht, so daß eine zweite Grundform mit den gleichen Eigenschaften (Abb. 1.15b) denkbar ist.

Der Resonanzeffekt wird nach (II 2.9b) vollständig durch die Kennwerte

$$\text{Polgüte } Q = \frac{\sqrt{b_0 b_2}}{b_1} = \frac{\left(1 + \frac{1}{V}\right)\sqrt{C_a C_b G_d G_s}}{\left(1 + \frac{1}{V}\right) G_d (C_a + C_b) + \frac{1}{V} G_s C_b} \tag{1.28a}$$

und

$$\text{Polfrequenz } \omega_0 = \sqrt{\frac{G_d G_s}{C_a C_b}} \tag{1.28b}$$

beschrieben.

Abb. 1.16 zeigt im Überblick die Beschaltungsmöglichkeiten mit RC-Vier- bzw. (in Sonderfällen) RC-Dreipolen. *Inversionsschaltungen* (d. h. Pluseingang des OV liegt

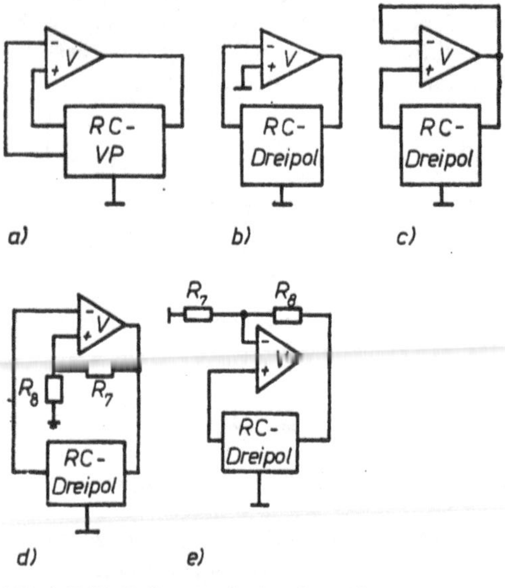

Abb. 1.16 Beschaltungsvarianten eines OV mit RC-Vier- bzw. RC-Dreipolen
a) allgemeiner Fall
b) Inversionsschaltungen
c) Einsverstärkerschaltungen
d) Angefachte Inversionsschaltungen
e) Angefachte Einsverstärkerschaltungen

an Masse), *Schaltungen mit einem Einsverstärker* (d. h., Minuseingang des OV ist direkt mit dem Ausgang verbunden) sowie angefachte Inversions- und Einsverstärkerschaltungen nach Abb. 1.16d und e repräsentieren sich als Spezialfälle. Aus der Fülle der möglichen Strukturen betrachten wir nachstehend nur die praktisch bedeutsamen, wobei uns nur Anwendungen mit maximal sechs passiven Elementen interessieren.

Vier passive Elemente seien zugelassen:
Auf der Grundlage des Inversionsprinzips können dann nur die Grundschaltungen GF 1 und GF 2 (Abb. 1.17a und b) den geforderten Resonanzeffekt hervorbringen. Als Einsverstärkerresonatoren kommen — ebenfalls mit zwei Widerständen und zwei Kapazitäten — nur die Grundformen GF 1′ und GF 2′ (Abb. 1.17c und d) in Betracht. Mit Hilfe der *Komplementärtransformation* kann gezeigt werden [F 13], daß GF 1 und GF 1′ bzw. GF 2 und GF 2′ wesensgleich sind.

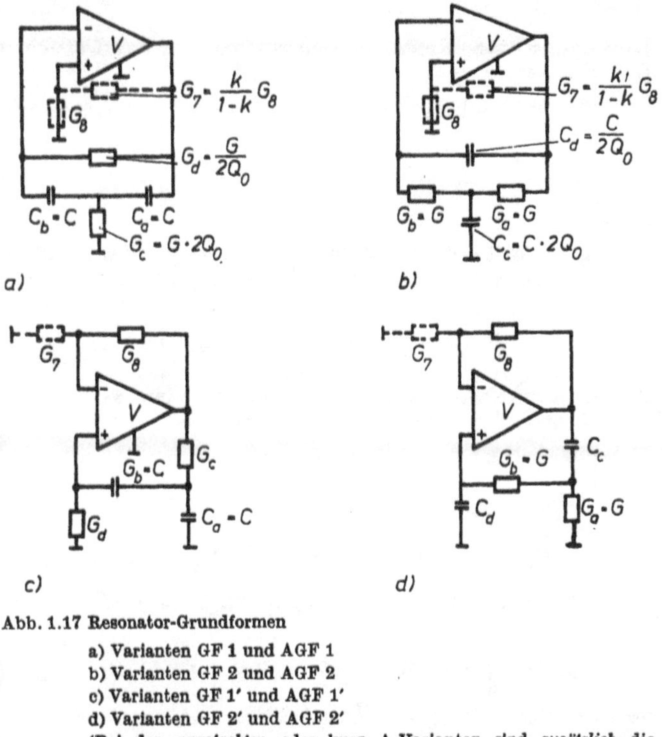

Abb. 1.17 Resonator-Grundformen

a) Varianten GF 1 und AGF 1
b) Varianten GF 2 und AGF 2
c) Varianten GF 1′ und AGF 1′
d) Varianten GF 2′ und AGF 2′
(Bei den *angefachten* oder kurz A-Varianten sind *zusätzlich* die gestrichelt eingetragenen Widerstände wirksam)

Sechs passive Elemente seien zugelassen:
Auf der Grundlage des Inversionsprinzips entstehen die angefachten Inversionsschaltungen und durch Komplementärtransformation die angefachten Einsverstärkerschaltungen. Sie enthalten einen ohmschen Spannungsteiler (R_7, R_c) zwischen Verstärkerausgang und dem jeweils nicht mit dem RC-Nullfilter verbundenen Verstärkereingang. Dieser Spannungsteiler bewirkt durch Mitkopplung eine Polgüteanfachung und ist in die Grundformen der Abb. 1.17 gestrichelt eingezeichnet.

Beispiel 1.5

Berechnung der Resonatoreigenschaften einer angefachten Inversionsschaltung.

Gegeben: Anordnung, wie in Abb. 1.17a skizziert, mit $C_a = C_b = C$,

$$G_d = G\frac{1}{2Q_0}, \; G_c = G2Q_0 \quad \text{und} \quad k = \frac{G_7}{G_7 + G_8}.$$

Gesucht: Polgüte Q und Polfrequenz ω_0.

Lösung: Nach Tafel 1.8 gilt für den Nenner der Übertragungsfunktion (Differenzverstärkerfall ohne Eingangsklemme 1)

$$N = \frac{1}{V}\Delta_{11/22} - \Delta_{11/2(3+4)} = \frac{1}{V}\Delta_{22} - \Delta_{2(3+4)}.$$

Mit der gewählten Knotenbezeichnung erhalten wir für den interessanten Teil der Knotenadmittanzmatrix

	2	3	4	5
3	$-G_d$	$G_d + pC_b$	0	$-pC_b$
4	$-G_7$	0	$G_8 + G_7$	0
5	$-pC_a$	$-pC_b$	0	$p(C_a + C_b) + G_c$.

Ausmultiplizieren der Determinanten und Ordnen nach Potenzen von p

$$\Delta_{22} = \{p^2C_aC_b + p[C_aG_d + C_b(G_c + G_d)] + G_dG_c\}(G_7 + G_8),$$

$$\Delta_{2(3+4)} = -G_8\{p^2G_aC_b + p(C_a + C_b)\,G_d + G_cG_d\} + pC_bG_7G_c$$

(Addition von Spalte 3 und 4).

Die Ausdrücke in den geschweiften Klammern beider Determinanten unterscheiden sich nur durch den unterstrichenen Term

$$N = \{p^2 C_a C_b + p(C_a + C_b)\, G_d + G_c G_d\} \left[G_8 + \frac{1}{V}\,(G_7 + G_8)\right]$$
$$-pC_b G_7 G_c + \frac{1}{V}\,(G_7 + G_8)\, pC_b G_c,$$

$$N(G_7 + G_8)^{-1} = \{p^2 C^2 + p \cdot 2CG_d + G_c G_d\} \left[1 + \frac{1}{V} - k\right] .$$
$$+ \left[\frac{1}{V} - k\right] pCG_c.$$

Daraus lesen wir ab:

$$\text{Polfrequenz } \omega_0 = \sqrt{\frac{b_0}{b_2}} = \sqrt{\frac{G_c G_d}{C^2}} = \frac{G}{C} = \frac{1}{RC}, \tag{1.29}$$

$$\text{Polgüte } Q = \frac{\sqrt{b_0 b_2}}{b_1} = \frac{\sqrt{G_c \cdot G_d}\left(1 + \frac{1}{V} - k\right) C}{2CG_d\left(1 + \frac{1}{V} - k\right) + \left(\frac{1}{V} - k\right) CG_c}$$

$$= \frac{1}{\frac{1}{Q_0} + \left(\frac{\frac{1}{V} - k}{\frac{1}{V} - k + 1}\right) 2Q_0} = \frac{Q_0}{1 - a}; \quad a = \frac{k - \frac{1}{V}}{\frac{1}{V} + 1 - k}\, 2Q_0^2.$$

Resonatoren mit zwei OV

Es ist zu erwarten, daß *RC*-aktive Schaltungen mit mehreren OV prinzipiell leistungsfähiger sind. Die Grundidee zur Gewinnung solcher Strukturen besteht häufig darin, die wirksamen *RC*-Teiler (die sich zwangsläufig wechselseitig belasten und damit einen natürlichen Verlust an Resonanzschärfe bedingen) durch „Trennverstärker“ zu entkopplen und „Allpaß-Resonatoren“

einzuführen. Dabei sind Stabilisierungen notwendig, z. B. gilt für den Resonator in Abb. 1.18 die *Charakteristische Gleichung* (sie entsteht durch Nullsetzen der Nennerfunktion)

$$Y_1 Y_3 - Y_2 Y_4 = 0. \tag{1.30}$$

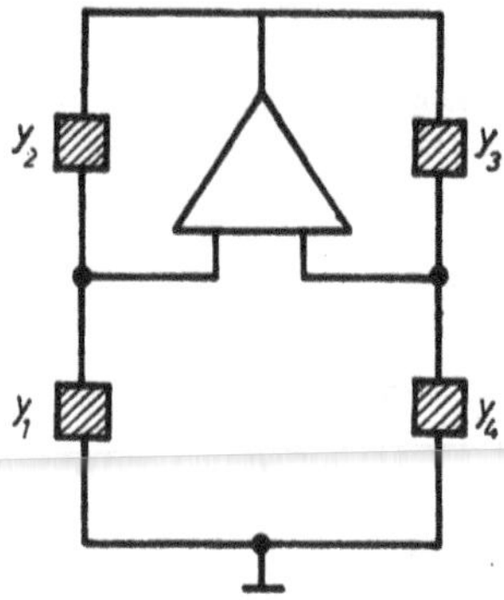

Abb. 1.18 Brückenresonator in allgemeiner Darstellung

Sie entspricht der bekannten Brückenbedingung. Wegen des negativen Vergleichens ist es unmöglich, eine Schwingungsgleichung der Form

$$p^2 + \omega_0^2 = 0 \tag{1.30a}$$

(bei einem idealen Resonator fehlt das lineare Glied) nachzubilden. Es gelingt aber, wenn einer der vier Leitwerte negativ realisiert wird, wozu sich die „aufgetrennte Form" Abb. 1.19a eignet. Zusammengeschaltet entsteht daraus eine Leitwertkette mit zwei OV (Abb. 1.19b), die uns bereits (Abschnitt 1.1.3) als 6-AIK bekannt ist. Aus den daraus ablesbaren Gleichungen

$$U_1 = U_3 = U_5 = U_2 \frac{Y_2}{Y_1 + Y_2} = U_4 \frac{Y_5}{Y_6 + Y_6}$$

und

$$U_2 Y_3 + U_4 Y_4 = U_3 (Y_3 + Y_4)$$

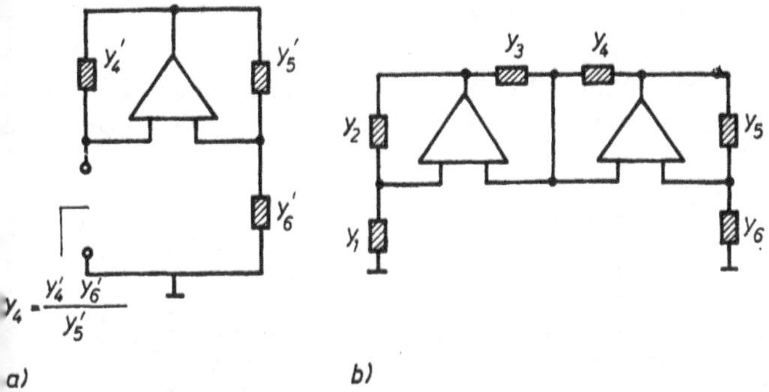

Abb 1.19 Zur Erklärung idealer Resonatorformen

a) Resonator zur Erzeugung eines negativen Leitwertes Y_4 (z. B. bei Y_4' und Y_6' kapazitiv und Y_5' reell)

b) Resonator mit einer Leitwertkette aus sechs passiven Elementen und zwei OV mit unendlich großer Resonanzschärfe

finden wir durch Eliminieren der Spannungen

$$Y_1 Y_3 Y_5 + Y_2 Y_4 Y_6 = 0. \tag{1.31}$$

Wählen wir paarweise im ersten oder zweiten Glied kapazitive Leitwerte, so ergibt sich, wenn alle übrigen Elemente reell sind, immer eine ungedämpfte Resonanz (Erfüllung der Gleichung (1.31)). Während bei den Schaltungen mit einem OV die Polgüte grundsätzlich endlich war oder die unendliche Güte an in bestimmter Weise abgeglichene Bauelementeverhältnisse gebunden war, kann jetzt (unabhängig von der Größe der Bauelemente) eine unendlich große Polgüte hergestellt werden. Sie sind deshalb technisch besonders vorteilhaft und stellen eine neue Qualität dar.

Ausdrücklich sei vermerkt, daß — wie vielfach in der Elektrotechnik — erstaunliche Ordnungsprinzipien existieren. Die anfangs mit Hilfe der Übersetzervierpole eingeführten Strukturen lassen sich gleichwertig mit Hilfe des Resonatorbegriffes gewinnen.

Resonatoren mit drei OV

Beim Einsatz von drei OV liegt es nahe, von idealen Integrier- und Differenziergliedern auszugehen. Abb. 1.20 zeigt dafür die aktiven Varianten, wovon der allgemeine

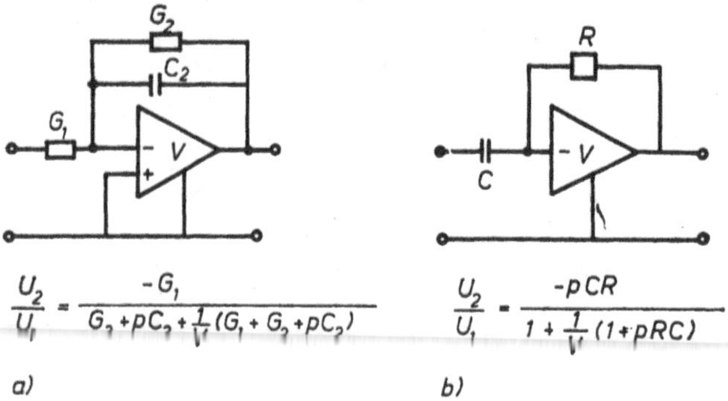

Abb. 1.20 Integrier- und Differenzierglieder
a) Integrierglied
b) Differenzierglied

Miller-Integrator die leistungsfähigste Grundform ist. Die Schleifschaltung von drei dreipoligen OV mit vorerst nicht spezifizierten Leitwerten und Bezeichnungen, wie in Abb. 1.21a eingeführt, hat eine charakteristische Gleichung, die mit (1.32) übereinstimmt. Nun haben wir u. a. die Wahl, Leitwertpaare mit den Koeffizienten 1,3; 1,5 oder 3,5 bzw. 2,4; 2,6 oder 4,6 als Kapazitäten auszuführen. Im ersten Fall erhalten wir einen idealen Resonator auf der Basis von Differenzierschaltungen und im zweiten Fall einen solchen auf der Basis von Integratoren. Sie können durch Umzeichnen auf die in Abb. 1.21b dargestellte technisch vorteilhafte Form gebracht werden. Durch den erhöhten Verstärkeraufwand können vielfach — im Vergleich zur Schaltung mit 2OV — einfachere Verstärker eingesetzt werden. Die (der Analogrechentechnik entlehnte) *Integratorschleife* kann als ein besonders leistungsfähiger *RC*-Resonantor eingeschätzt werden [G 19].

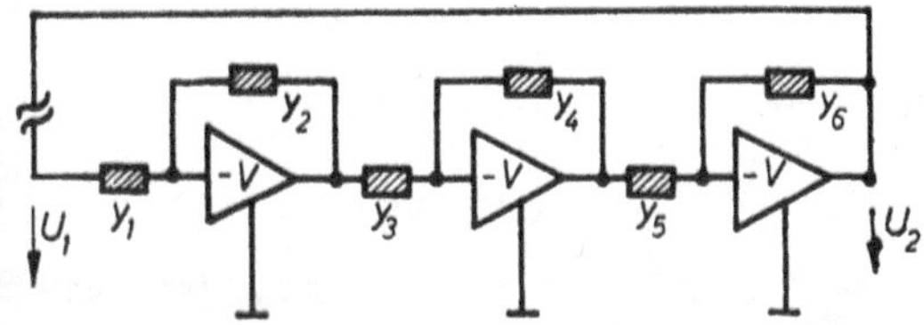

a)

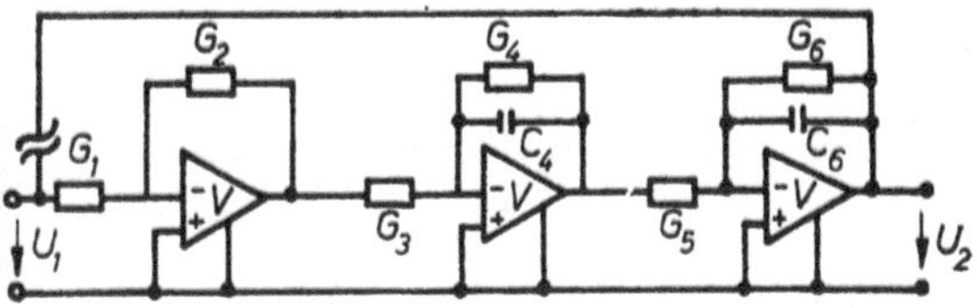

b)

Abb. 1.21 Resonatoren mit drei OV
a) Integratorschleife in allgemeiner Form
b) Praktische Variante der Integratorschleife

Beispiel 1.6

Berechnung der Resonatoreigenschaften der Integratorschleife.

Gegeben: Anordnung, wie in Abb. 1.21 b skizziert, mit $Y_1 = Y_2 = Y_3 = Y_5 = G$, $Y_4 = Y_6 = pC + G_R$, $V_1 = V_2 = V_3 = V$ und der Integratorverstärkung $V_i = \dfrac{G}{G_R}$.

Gesucht: Polgüte Q und Polfrequenz ω_0.

Lösung: Für den *offenen* Kreis (Abb. 1.21a) gilt bei der rückwirkungsfreien Kettenschaltung von drei gegengekoppelten

Verstärkern

$$\frac{U_2}{U_1} = -\frac{Y_1}{Y_2 + \frac{1}{V_1}(Y_1 + Y_2)} \cdot \frac{Y_3}{Y_4 + \frac{1}{V_2}(Y_3 + Y_4)}$$

$$\times \frac{Y_5}{Y_6 + \frac{1}{V_3}(Y_5 + Y_6)}.$$

Die Schließungsbedingung lautet $U_2 = U_1$, und der Nenner des *geschlossenen* Kreises wird

$$N = \left[Y_2 + \frac{1}{V_1}(Y_1 + Y_2)\right]\left[Y_4 + \frac{1}{V_2}(Y_3 + Y_4)\right]$$

$$\times\left[Y_6 + \frac{1}{V_3}(Y_5 + Y_6)\right] + Y_1 Y_3 Y_5 = 0.$$

Für $V_1 = V_2 = V_3 = V \gg 1$ gilt näherungsweise

$$N = Y_2 Y_4 Y_6 + Y_1 Y_3 Y_5 + \frac{1}{V}\{(Y_1 + Y_2)\, Y_4 Y_6 + (Y_3 + Y_4)$$

$$\times Y_2 Y_6 + (Y_5 + Y_6)\, Y_2 Y_4\}.$$

Bei $Y_1 = Y_2 = Y_3 = Y_5 = G$ und $Y_4 = Y_6 = pC + G_R$ gilt vereinfacht

$$N = G(pC + G_R)^2 + G^3 + \frac{2}{V}(pC + G_R)\, G(2pC + G + 2G_R)$$

oder

$$\frac{1}{G} N = p^2 C^2 \left(1 + \frac{4}{V}\right) + pC\left[2G_R + \frac{2}{V}(G + 4G_R)\right] + G_R{}^2$$

$$+ G^2 + \frac{2}{V} G_R (G + 2G_R).$$

Daraus lesen wir ab:

$$\text{Polfrequenz: } \omega_0 = \sqrt{\frac{G_R{}^2 + G^2 + \frac{2}{V} G_R(G + 2G_R)}{C^2\left(1 + \frac{4}{V}\right)}}$$

$$= \frac{G}{C} \sqrt{\frac{1 + \left(\frac{G_R}{G}\right)^2 + \frac{2}{V} \frac{G_R}{G}\left(1 + 2\frac{G_R}{G}\right)}{1 + \frac{4}{V}}}.$$

$$\text{Polgüte: } Q = \frac{\sqrt{b_2 b_0}}{b_1} = \frac{\sqrt{\left(1 + \frac{4}{V}\right)\left[\left(\frac{G}{G_R}\right)^2 + 1 + \frac{2}{V}\left(2 + \frac{G}{G_R}\right)\right]}}{2 + \frac{2}{V}\left(4 + \frac{G}{G_R}\right)}$$

$$= \frac{\sqrt{\left(1 + \frac{4}{V}\right)\left(V_1{}^2 + 1 + \frac{2}{V}(2 + V_1)\right)}}{2\left[1 + \frac{1}{V}(4 + V_1)\right]}. \quad (1.32)$$

Sonderfall: $\frac{G}{G_R} = V_1 \to \infty$ (d. h. $G_R = 0$) führt auf

$$\omega_0 = \frac{G}{C} \frac{1}{\sqrt{1 + \frac{4}{V}}} \text{ und } Q = \left.\frac{\sqrt{1 + \frac{4}{V}}}{\frac{2}{V}}\right|_{V \gg 1} \approx \frac{2}{V}. \quad (1.32\text{a})$$

1.2. Praktische Analysemethoden

Die Aufgabe dieses Abschnittes ist es, praktische Methoden zur Gewinnung von Netzwerkfunktionen darzulegen. Dabei beschränken wir uns auf effektive algebraische Verfahren. Grundlage sind in allen Fällen die aus Abschnitt I 2.2 bekannten Fundamentalmethoden, die alle auf die KIRCHHOFFschen Sätze zurückgehen. Wie ebenfalls schon geläufig, kann eine Analyse sowohl im Zeit- als auch im Bildbereich erfolgen. Während im ersten Fall die Berechnung der Netzwerk-Gewichtsfunktion $g(t)$ typisch ist, besteht das Ziel im zweiten Fall in der Berechnung benötigter Netzwerk-Bildfunktionen. Eine Vorzugsrolle spielen Übertragungsfunktionen $T(p)$. Dann besteht die Verknüpfung

$$g(t) = \mathcal{L}^{-1}\{T(p)\}. \tag{1.33}$$

Das grundsätzliche Bemühen geht dahin, mit möglichst wenig (linear unabhängigen) Gleichungen auszukommen und solche vollständigen Systeme rationell zu lösen. Die Aufstellung solcher Relationen ist i. a. nicht trivial, und es ist notwendig, geeignete universelle Regeln zu kennen. Da es zweckmäßig ist, ausgewählte topologische Begriffe zu kennen, geben wir hierzu einen Abriß.

1.2.1. Topologische Grundbegriffe

Während zuvor die Teileigenschaften der (aktiven) Netzwerkelemente besprochen wurden, soll jetzt auf die Zusammenschaltung der Netzwerkelemente (das beinhaltet der Topologiebegriff) eingegangen werden. Beides zusammen führt zu den Eigenschaften der Netzwerke [M 1]. Jedes zweipolige Netzwerkelement oder hier (vorteilhafter und kürzer) Zweig genannt, wird durch eine gerichtete Verbindungslinie (die auch *gerichteter Graph* genannt wird) beschrieben. Dadurch besteht die übersichtliche und allgemeine Möglichkeit, jedes Netzwerk durch gerichtete Graphen, deren Richtung i. a. willkürlich gewählt werden kann, darzustellen.

Für ein zusammenhängendes Netzwerk (dieser Fall ist charakteristisch bei der RC-aktiven Analyse mit) k Knoten und z Zweigen sind offenbar folgende „Grenzfälle" denkbar. Falls ein „geschlossener Polygonzug" möglich ist (Abb. 1.22a), gilt

$$z_{\min} = k. \tag{1.34}$$

Andererseits erhalten wir, wenn jeder Knoten mit jedem anderen verbunden ist (und keine Parallelzweige vorkommen, Abb. 1.22b), die Beziehung

$$z_{\max} = \binom{k}{2} = \frac{k(k-1)}{2}. \tag{1.35}$$

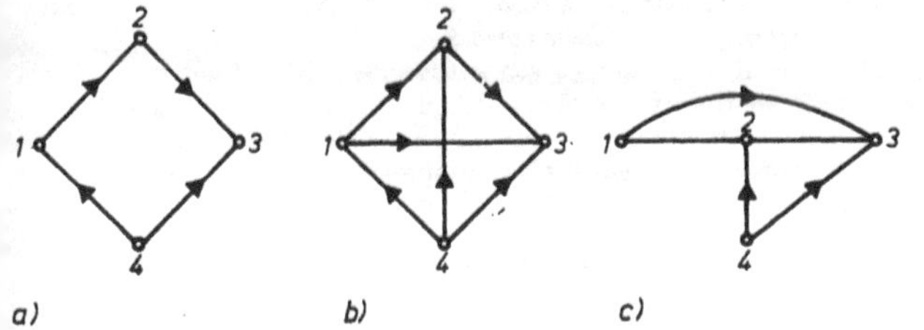

Abb. 1.22 Beispiele für gerichtete Graphen
a) Grenzfall des geschlossenen Polygonzuges
b) Grenzfall, daß jeder Knoten mit jedem anderen Knoten verbunden ist
c) Allgemeiner Fall

Ein (einfacher) allgemeiner Fall ist in Abb. 1.22c skizziert. Die Grundbegriffe sind in Tafel 1.7 in verbaler Formulierung zusammengestellt. Wichtig ist, daß unabhängig von der Orientierung der Zweige sowohl die Masche als auch die Schnittmenge zugeordnet werden kann. Im allgemeinen lassen sich in einem Netzwerk, wobei zweckmäßig die Maschenströme bzw. die Schnittmengenspannungen zunächst als Unbekannte angenommen werden, mehr Maschen bzw. Schnittmengen finden, als es zur Auflösung des jeweils gültigen Gleichungssystems notwendig ist. Das erforderliche *vollständige System linear unabhängiger Maschen bzw. Schnittmengen* leiten wir zweckmäßig mit Hilfe des *vollständigen Baums* (Definition Tafel 1.7) ab, der aus $(k-1)$ Zweigen

Tafel 1.7
Topologische Begriffe

Grundgedanke:

Durch Graphen, d. h. die Darstellung von zweipoligen Netzwerkteilen durch (gerichtete) Verbindungslinien – die wir kurz Zweige nennen –, ist eine vereinfachte und übersichtliche Beschreibung der Netzwerktopologie möglich. Die Verbindungspunkte von Zweigen heißen Knoten.

Weitere Begriffe:

Masche = Teilmenge von Zweigen, die einen geschlossenen Weg (d. h. eine Schleife) im Netzwerk bilden.

Schnittmenge = Teilmenge von Zweigen, die bei ihrer Entfernung das Netzwerk genau in zwei Teile aufspalten.

Vollständiger Baum = Teilmenge von Zweigen, die jeden Knoten mit jedem anderen Knoten des Netzwerkes über genau einen Weg verbinden, d. h., ein v. B. führt zu allen Knoten, bildet aber keine Maschen). Es gibt mehrere Möglichkeiten, einen vollständigen Baum zu konstruieren. Die Anzahl v liegt zwischen

$$v = v_{min} = k \quad \text{(gültig im Fall (1.33a))} \tag{1.33c}$$

und

$$v = v_{max} = k^{(k-2)} \quad \text{(gültig im Fall (1.33b)).} \tag{1.33d}$$

Sehnen = Zweige, die nicht zum vollständigen Baum gehören. Es existieren $z - (k - 1)$ solcher Sehnen.

Bedingungen für ein vollständiges System

- **unabhängiger Maschen:**
  Jede Sehne darf nur zu einer einzigen Masche gehören
- **unabhängiger Schnittmengen:**
  Jeder Baumzweig darf nur zu einer einzigen Schnittmenge gehören.

besteht. Abb. 1.23 veranschaulicht an einfachen Beispielen die Konstruktion eines vollständigen Systems unabhängiger Maschen bzw. Schnittmengen. Grundsätzlich existieren schon für relativ einfache Netzwerke zahlreiche Varianten für zulässige Maschen- und Schnittmengenverteilungen. Besonders einfache Berechnungsverfahren entstehen, wenn zusätzlich Quellenumwandlungen vorgenommen werden. Grundlegend ist die aus Tafel I 2.4 bekannte Äquivalenz zwischen Spannungs- und Stromersatzbild für den aktiven Zweipol. In praxi

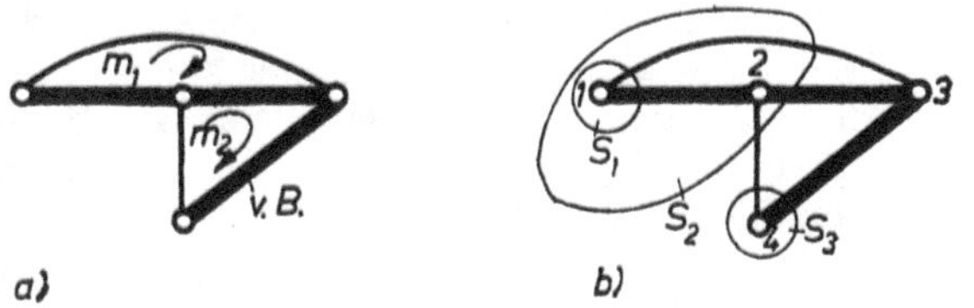

Abb. 1.23 Beispiele mit (dick) eingetragenen vollständigen Bäumen
a) und zusätzlich orientierten Maschen
b) und zusätzlich orientierten Schnittmengen

ist zu beachten, daß bei einer solchen Umwandlung nur die Klemmeneigenschaften invariant bleiben, sich aber die Strom-Spannungs-Beziehungen im bzw. über dem Ersatzinnenwiderstand i. a. ändern. In der *RC*-aktiven Analyse kommt es häufig vor, daß entartete Quellen (z. B. mit verschwindendem Innenwiderstand oder mit unendlich großem Innenwiderstand) angenom-

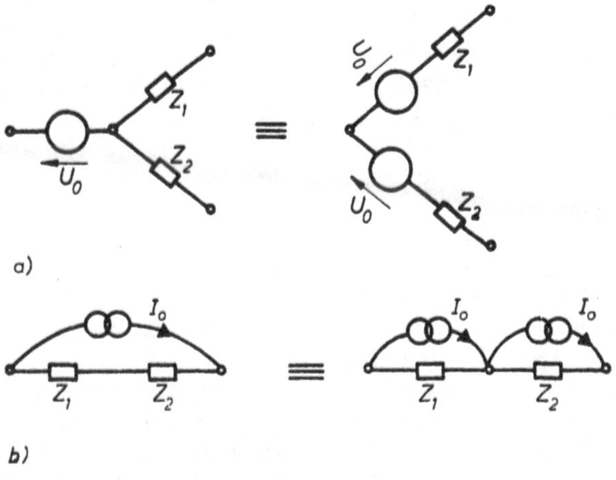

Abb. 1.24 Äquivalente Umwandlungen
a) für Spannungsquellen
b) für Stromquellen

men werden können. Dann versagt die direkte Umwandlung nach Tafel I 2.4. Ein sehr praktischer Ausweg ist dann die Einbeziehung „anliegender Widerstände". Abb. 1.24 zeigt dafür Äquivalenzen, die ohne weitere Erläuterung verständlich sind.

1.2.2. Analyseverfahren

1.2.2.1. Prinzipielle Möglichkeiten

Bewährt haben sich in der Praxis

— die Maschenstromanalyse,
— die Schnittmengenanalyse,
— die Knotenspannungsanalyse (als Spezialfall der Schnittmengenanalyse),
— die Analyse mit der Nullator-Norator-Darstellung und
— die Analyse mit der Zustandsbeschreibung.

Grundsätzlich gibt es keine Einzelmethode, die in jedem Anwendungsfall am zweckmäßigsten ist. Immer sind die speziellen Eigenschaften der vorgegebenen Strukturen für die Wahl der Methode mit entscheidend. Wir wollen uns hier auf die Beschreibung der Knotenspannungsanalyse und der Analyse mit der Zustandsbeschreibung beschränken und ihre tatsächliche Handhabung an einem „klassischen" Beispiel kennenlernen. Verzichten müssen wir auch auf die *Rauschanalyse*, die speziell beim Entwurf *RC*-aktiver Filter in der Nachrichtentechnik ein wichtiges Hilfsmittel ist [B 14], [S 25]. Rauschanalysen sind weiterhin zur Erhärtung und Verallgemeinerung meßtechnischer Resultate nützlich, weil das Rauschen häufig nicht exakt experimentell von anderen Störgrößen unterschieden werden kann.

Global sei hier wenigstens vermerkt, daß bei einem *RC*-aktiven Verstärker die Polgüte und das Impedanzniveau eine entscheidende Rolle spielen. Markantes Ergebnis ist der Sachverhalt, daß die maximale *Rausch-*

ausgangsspannung proportional mit Q^2 zunimmt. Dadurch kommt Schaltungen mit reduzierter Polgüte (s. a. Abschnitt 2.2.2.) eine besondere Bedeutung zu [S 24].

1.2.2.2. Knotenspannungsanalyse

Aus praktischer Sicht ist die Knotenspannungsanalyse besonders vorteilhaft, weil grundsätzlich als Unbekannte Knotenspannungen (bezogen auf einen geerdeten Bezugsknoten) vorkommen. (Damit kann die Einführung des Begriffes vollständiger Baum entfallen, und es ist alles vergleichsweise einfach und angepaßt an tatsächliche Situationen.)

Vorausgesetzt, daß das Netzwerk nur Stromquellen enthält (wenn das zunächst nicht zutrifft, sind etwaige Spannungsquellen nach Tafel I 2.4 in solche umzurechnen), wird ein Gleichungssystem mit $(k - 1)$ linear unabhängigen (geerdeten) Knotenspannungen als Unbekannte aufgestellt und mit den in Tafel I 2.3 genannten Regeln gelöst. Bei *RC*-aktiven Netzwerken sind wieder unsymmetrische Knotenadmittanzmatrizen typisch. Schließlich bleiben auf der rechten Seite von (1.19) nur die unabhängigen Stromquellen stehen.

Beispiel 1.7

Kennenlernen der Knotenspannungsanalyse für eine *RC*-aktive Schaltung

Gegeben: Netzwerk wie in Abb. 1.25a skizziert.[1])

Gesucht: Spannungsübertragungsfaktor $\frac{U_2}{U_1}$?

Lösung: Wenn wir mit einer Stromeinspeisung I_1 rechnen, gehört zu Abb. 1.25a das in Abb. 1.25c skizzierte Knoten-

---

[1]) Obwohl diese Schaltung (wegen der Differenzenbildung im Nenner) nur ein bedingt stabiles Netzwerk präsentiert, bevorzugen wir diese Struktur als Einführungsbeispiel. Es ist eine Grundform von [S 11]. Wir finden sie später wieder unter den angefachten Einsverstärkerschaltungen. In [A 11] ist auf dieser Basis ein Kombinationsfilter mit umschaltbaren Grenzfrequenzen entworfen und erprobt worden, das für den Tonfrequenzbereich bei geringen Polgütewerten eine vorteilhafte technische Lösung darstellt.

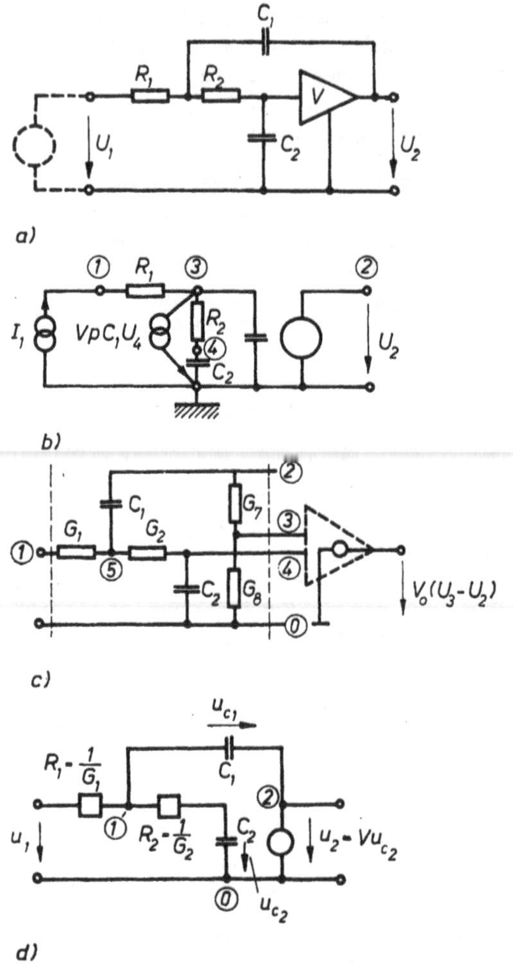

Abb. 1.25 Analysebeispiel

a) Vorgegebene Struktur mit allgemeinen Elementen
b) für die elementare Knotenspannungsanalyse präparierte Struktur
c) für die erweiterte Knotenspannungsanalyse präparierte Struktur
d) für die Zustandsbeschreibung präparierte Struktur

spannungsersatzbild. Bei den gewählten Bezeichnungen ist für die Berechnung des gesuchten Übertragungsfaktors Knoten 2 bedeutungslos, da die Verknüpfung

$$U_2 = VU_4 \tag{1.36}$$

besteht und bei Bedarf einfach berücksichtigt werden kann. Wir lesen damit aus Abb. 1.25c ab

$$\begin{pmatrix} G_1 & -G_1 & 0 \\ -G_1 & G_1 + G_2 + pC_1 & -G_1 \\ 0 & -G_2 & G_2 + pC_2 \end{pmatrix} \begin{pmatrix} U_1 \\ U_2 \\ U_3 \end{pmatrix} = \begin{pmatrix} I_1 \\ VpC_1U_4 \\ 0 \end{pmatrix}.$$

Wenn die abhängige Einströmung in die Knotenadmittanzmatrix eingerechnet wird, gilt

$$\begin{pmatrix} G_1 & -G_1 & 0 \\ -G_1 & G_1 + G_2 + pC_1 & -G_2 - pC_1V \\ 0 & -G_2 & G_2 + pC_2 \end{pmatrix} \begin{pmatrix} U_1 \\ U_3 \\ U_4 \end{pmatrix} = \begin{pmatrix} I_1 \\ 0 \\ 0 \end{pmatrix}$$

mit der Lösung

$$U_1 = I_1 \frac{\Delta_{11}}{\Delta} \quad \text{und} \quad U_4 = \frac{U_2}{V} = I_1 \frac{\Delta_{14}}{\Delta}$$

oder

$$\frac{U_2}{U_1} = \frac{V\Delta_{14}}{\Delta_{11}},$$

d. h., die Berechnung der Systemdeterminante ist im Beispielfall nicht notwendig.

Im einzelnen heißt das bei

$$\begin{aligned} \Delta_{11} &= (G_1 + G_2 + pC_1)(G_2 + pC_2) - G_2^2 - G_2VpC_1 \\ &= p^2C_1C_2 + p(G_1C_2 + G_2C_1 + G_2C_2 - VG_2C_1) + G_1G_2 \end{aligned}$$

und

$$\Delta_{14} = G_1G_2 \quad \text{mit} \quad R_\nu = \frac{1}{G_\nu} \quad (\nu = 1{,}2)$$

$$\begin{aligned} T(p) &= \frac{U_2}{U_1} \\ &= \frac{V}{p^2R_1R_2C_1C_2 + p(R_1C_1 + R_1C_2 + R_2C_2 - VR_1C_1) + 1}. \end{aligned} \tag{1.37}$$

Weiterführende Bemerkungen zur Knotenspannungsanalyse

Für numerische Analyserechnungen größerer Schaltungen (Kontrollrechnungen für Dämpfung und Phase, Berechnung des Empfindlichkeits- und Rauschverhaltens) sind spezielle Rechenprogramme ein unentbehrliches Hilfsmittel [D 11], [S 14]. Um allgemeine Eigenschaften gewisser Strukturen zu erkennen, Bemessungsformeln herzuleiten und dem Spezialfall angepaßte Schaltungen zu verwirklichen, ist aber häufig die manuelle Berechnung erforderlich. Deshalb sollen einige Hinweise zur rationellen Schaltungsanalyse folgen. Wir stützen uns dabei auf die Knotenspannungsanalyse wegen folgender Vorzüge:

— Aufstellung der Admittanzmatrix erfordert minimale Vorbereitung (Knotenbezeichnung, Wahl eines Bezugsknotens)
— Leitwertform der Übertragungsfunktion kann wegen $Y = pC + G$ unmittelbar in die Polynomform übergeführt werden.

In Tafel 1.8 sind wichtige Zusammenhänge der Knotenspannungsanalyse zusammengestellt. Wir ermitteln die Leerlaufspannungsübersetzung zwischen zwei Knoten, bezogen auf den gemeinsamen Bezugspunkt aus der angegebenen Determinantenbeziehung (hervorgegangen aus der Knotenadmittanzmatrix (KAM) durch Inversion, Streichung aller Zeilen und Spalten außer der l-ten und m-ten Zeile und Spalte (Determinantenmethode)). Das Spannungsteilerverhältnis kann auch durch Bestimmung der Admittanzen des Ersatzvierpols bestimmt werden (Methode der Ersatz-π-Schaltung), was bei einiger Übung besonders rationell ist.

Das aktive RC-Netzwerk wird zweckmäßig als mehrpolige Zusammenschaltung von aktivem und passivem Subnetzwerk aufgefaßt, wobei die Symmetrieeigenschaft der Admittanzmatrix des passiven Subnetzwerks erhalten bleibt. Das Zusammenspiel beider Netzwerke kann durch Determinantenbeziehungen ausgedrückt werden. Dies soll am allgemeinen Beispiel der Zusammenschaltung von Differenzverstärker und *RC*-Netzwerk demonstriert werden (Tafel 1.8, Mitte). Die Ergebnisse sind dann zur Berechnung spezieller Schaltungen verfügbar. Es wird folgende einheitliche Bezeichnungsweise verwendet: Schaltungseingang: 1, Schaltungsausgang: 2, Minuseingang des Verstärkers: 3, Pluseingang: 4. Die Spannung am Verstärkereingang wird als Überlagerung der Teilwirkungen, herrührend von der Eingangsspannung U_1

Tafel 1.8 (Lies Index l statt L.)

Rationelle Knotenspannungsanalyse bei rückwirkungsfreien Funktionsblöcken

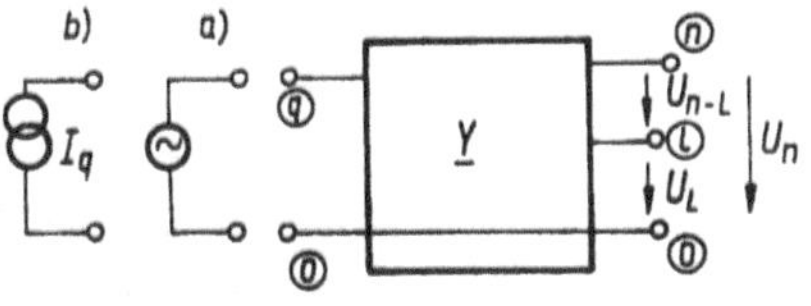

b) Übertragungsleitwert:

$$\frac{U_l}{I_q} = \frac{\Delta_{ql}}{\Delta}$$

Δ = Determinante zu $\boldsymbol{Y}$

a) Leerlaufspannungsübersetzung:

Durchgehende Erde: $$\left.\frac{U_L}{U_q}\right|_{I_l=0} = \frac{\Delta_{ql}}{\Delta_{qq}} = \frac{y_{lq}}{y_{ll}} = T_{lq}$$

$\Delta_{qL/nm}$ = Unterdeterminante von $\boldsymbol{Y}$ durch Streichen der Zeilen q, m und Spalten l, n (nach weiteren Schrägstrichen weitere Zeilen- und Spaltenindizes angebbar)

Erdfreier Ausgang: $$\frac{U_{n-l}}{U_q} = \left.\frac{U_n - U_l}{U_q}\right|_{I_n, I_l=0} = T_{nq} - T_{Lq} = \frac{\Delta_{qn} - \Delta_{qL}}{\Delta_{qq}}$$

Index $(n + l)$ bedeutet:

Zeilen (Spalten) n und l $$= \frac{\Delta_{q(n+l)}}{\Delta_{qq}} = \frac{y_{nq} - y_{lq}}{y_{LL}}$$

sind durch die Zeilen-(Spalten) Summe zu ersetzen!

Kurzschließen von Knoten:

Knoten n mit 0: $$\frac{U_l}{U_q} = \frac{\Delta_{ql/nn}}{\Delta_{qq/nn}}$$

Innere Knoten n mit m: $$\frac{U_L}{U_q} = \frac{\Delta_{qL/(n+m)(n+m)}}{\Delta_{qq/(n+m)(n+m)}}$$

Tafel 1.8 (Fortsetzung)

Differenzverstärkerfall

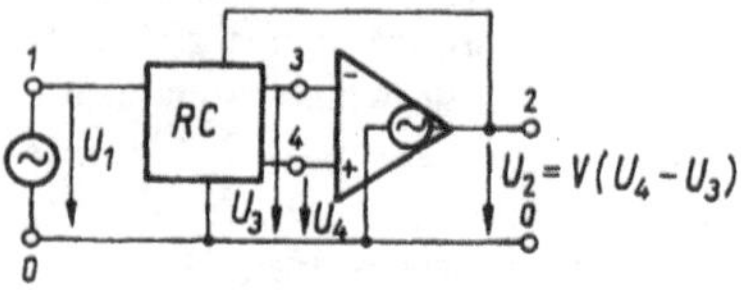

$$\frac{U_2}{U_1} = \frac{\Delta_{14/22} - \Delta_{13/22}}{\Delta_{11/22}\,\frac{1}{V} - \Delta_{24/11} + \Delta_{23/11}} = \frac{\Delta_{1(4+3)/22}}{\Delta_{11/22}\,\frac{1}{V} + \Delta_{2(3+4)/11}}$$

Spezialfälle

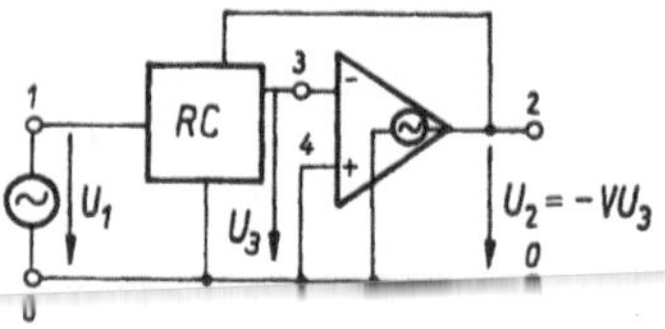

Pluseingang 4 mit ⊥ verbunden:

$$\frac{U_2}{U_1} = \frac{-\Delta_{13/22}}{\Delta_{11/22}\,\frac{1}{V} + \Delta_{23/11}}$$

Minuseingang 3 mit ⊥ verbunden:

$$\frac{U_2}{U_1} = \frac{\Delta_{14/22}}{\Delta_{11/22}\,\frac{1}{V} - \Delta_{24/11}}$$

bei kurzgeschlossenem Ausgang und von der Ausgangsspannung U_2 bei kurzgeschlossenem Eingang, berechnet:

$$U_4 - U_3 = (T_{41} - T_{31})\,U_1 + (T_{42} - T_{32})\,U_2 = \frac{1}{V}\,U_2 \tag{1.38}$$

mit

$$T_{41} = \left.\frac{U_4}{U_1}\right|_{U_2=0} = \frac{\Delta_{14/22}}{\Delta_{11/22}} \quad \text{usw.}$$

Auflösen von (1.38) nach U_2 liefert:

$$\frac{U_2}{U_1} = \frac{T_{41} - T_{31}}{\frac{1}{V_0} - T_{42} + T_{32}} = \frac{\Delta_{14/22} - \Delta_{13/22}}{\frac{1}{V}\,\Delta_{11/22} - \Delta_{24/11} - \Delta_{23/11}}. \tag{1.39}$$

Ein häufig vorkommender Spezialfall besteht darin, daß ein Eingang des Verstärkers geerdet ist. Dabei werden die entsprechenden Determinanten zu Null, wie in Tafel 1.8 angegeben ist.

Beispiel 1.8

Vertrautwerden mit der erweiterten Knotenspannungsanalyse

Gegeben: Schaltung, wie in Abb. 1.25a skizziert.

Gesucht: $\frac{U_2}{U_1}$?

Lösung: Die endliche positive Verstärkung soll durch einen beschalteten OV realisiert werden. Da in (1.39) die Zeilen 1 und 2 immer gestrichen sind, genügt es, die Matrix ab der 3. Zeile anzuschreiben.

$$\begin{array}{cccccc} & 1 & 2 & 3 & 4 & 5 \\ 3 & 0 & -G_7 & G_7 + G_8 & 0 & 0 \\ 4 & 0 & 0 & 0 & pC_2 + G_2 & -G_2 \\ 5 & -G_1 & -pC_1 & 0 & -G_2 & G_1 + G_2 + pC_1 \end{array} \qquad (1.40)$$

Mit

$$\Delta_{14/22} = -G_1G_2(G_7 + G_8), \quad \Delta_{13/22} = 0,$$

$$\Delta_{24/11} = pC_1(G_7 + G_8)\, G_2 \quad \text{und} \quad \Delta_{23/11} = G_7(pC_2 + G_2) \times \times (G_1 + pC_1) + G_2pC_2$$

gilt nach (1.39)

$$\frac{U_2}{U_1} = \frac{G_1G_2(G_7 + G_8)}{G_7[p^2C_1C_2 + p(C_2G_2 + C_2G_1) + G_2G_1] - pC_1G_2G_8}. \qquad (1.40\,\text{a})$$

Durch Ersetzen von $G_7/(G_7 + G_8) = V$ erhält man das schon mehrfach abgeleitete Ergebnis. Dabei wurde die Leerlaufverstärkung $V_0 \to \infty$ angenommen, und $\Delta_{11/22}$ geht nicht ein.

Setzt man von Anfang an eine endliche positive Verstärkung an, so tritt Knoten 4 nicht auf, und der interessante Teil der

Determinante reduziert sich auf die beiden Zeilen:

	1	2	3	5
4	0	0	$pC_2 + G_2$	$-G_2$
5	$-G_1$	$-pC_1$	$-G_2$	$G_1 + G_2 + pC_2$

Mit

$$\Delta_{11/22} = (pC_2 + G_2)(G_1 + pC_1) + G_2 pC_2, \; \Delta_{14/22} = -G_1 G_2$$
$$\text{und} \quad \Delta_{24/11} = -pC_1 G_2$$

gelangen wir auf eine weitere Art zu dem bekannten Resultat (1.37).

1.2.2.3. Analyse mit der Zustandsbeschreibung

Die Analyse auf der Basis des Zustandsraumes [Z 1] findet in Verbindung mit der Weiterentwicklung der elektronischen Rechentechnik verstärkte Anwendung in der Theorie linearer Systeme. Ein wesentlicher Vorteil der Methode besteht darin, daß sie den modernen Verfahren der Matrizenrechnung ideal angepaßt ist und besonders deutlich gemeinsame Wirkprinzipien unterschiedlicher technisch-wissenschaftlicher Disziplinen, wie Netzwerktheorie, Regelungstechnik und Automatentheorie, hervortreten läßt. (Einführende Überblicksdarstellung dazu s. z. B. [D 1], die Leistungsfähigkeit ist umfassend und wird mit zahlreichen Anwendungen in [L 14] untersucht.)

Wir wollen grundlegende Merkmale dieses Verfahrens kennenlernen und damit die schon mehrfach analysierte Einsverstärkerschaltung (Abb. 1.18a) beschreiben. Die Zustandsanalyse ist primär auf das Lösen von Differential- bzw. Differenzen-Gleichungssystemen (im Zeitbereich) zugeschnitten. Im elektrischen Netzwerk sind die „*Zustandsgrößen*“ $x_j(t)$ die Spannungen unabhängiger Kapazitäten bzw. die Ströme unabhängiger Induktivitäten. Sie beschreiben zusammen mit den „*Ursachengrößen*“ — wegen der Buchstabennot, die durch das

Alphabet gegeben ist, verwenden wir den Buchstaben u (der hier keine Spannung bedeutet) — $u_i(t)$ den elektrischen „Systemzustand“ zum Zeitpunkt t vollständig. Die besonderen Spannungen bzw. Ströme, die als „*Wirkungsgrößen*“ interessieren, nennen wir allgemein $w_k(t)$. Anfangswerte von gespeicherten Energien zum Zeitpunkt $t = t_0$ lassen sich universell bei dieser axiomatischen Beschreibungsart berücksichtigen.

Zustandsgrößen repräsentieren „innere Signale“ durch simultane Vektorgleichungen erster Ordnung. In Verbindung mit den Klemmengrößen (d. h. den Ursachen- und Wirkungsgrößen) liefern sie eine weitergehende Beschreibung, die über eine bestimmte — durch Flußbilder darstellbare — innere „Systemorganisation“ Auskunft geben. Ihre besonderen Merkmale sind:

— leistungsfähige Methode für Systeme mit endlich vielen konzentrierten Elementen (= Netzwerk),
— kompakte (der Theorie der Dgl. angepaßte) Matrizenschreibweise, die elegant Mehrfachsysteme einschließt,
— vorteilhafte numerische Auswertung auf Digitalrechnern,
— einfache Systemsimulation durch Blockbilder (Analogrechner),
— Zustandsgrößen lassen sich i. a. nur mühevoll aus bekannten Netzwerken herleiten,
— es ist kein Rückschluß auf das realisierende Netzwerk im Detail möglich.

In Tafel 1.9 sind zunächst die „Normalformen“ für Analog- und Diskretsysteme[1]) — einschließlich der Bezeichnungen — und der allgemeinen Lösung im Originalbereich zusammengestellt. (Obwohl $\boldsymbol{u}$, $\boldsymbol{x}$ und $\boldsymbol{w}$ „Vektoren“ sind, setzen wir vereinfachend das „Matrizenzeichen“. Wir müssen dann bedenken, daß es „einspaltige Formen“ sind.) Im Analogfall gewinnen wir — wie

[1]) Diese Zusammenhänge werden ohne weitere Erläuterungen mitgenannt. Sie sollen vorerst die Universalität der Methode zeigen. Wir kommen in Band IV darauf zurück und werden dann entsprechende Einzelheiten besprechen.

Tafel 1.9
Gesetze der Zustandsbeschreibung

Kontinuierlicher Fall	**Diskreter Fall**

$$\boldsymbol{x}'(t) = \boldsymbol{A}\boldsymbol{x}(t) + \boldsymbol{B}\boldsymbol{u}(t)$$
$$\boldsymbol{w}(t) = \boldsymbol{C}\boldsymbol{x}(t) + \boldsymbol{D}\boldsymbol{u}(t)$$

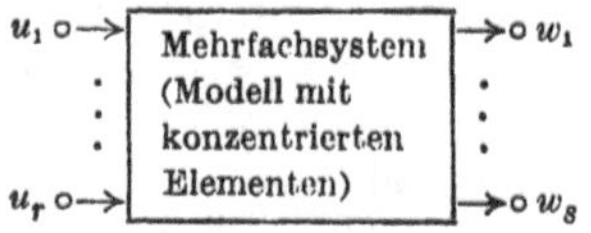

$$\boldsymbol{x}(k+1) = \boldsymbol{A}\boldsymbol{x}(k) + \boldsymbol{B}$$
$$\boldsymbol{w}(k) = \boldsymbol{C}\boldsymbol{x}(k) + \boldsymbol{D}\boldsymbol{u}(k)$$

mit

$\boldsymbol{u}(r, 1)$ – Ursachenvektor
$\boldsymbol{x}(n, 1)$ – Zustandsvektor
$\boldsymbol{w}(s, 1)$ – Wirkungsvektor

$\boldsymbol{A}(n, n)$ – Systemmatrix
$\boldsymbol{B}(n, r)$ – Eingangs- od. Steuer-Matrix
$\boldsymbol{C}(s, n)$ – Ausgangs- od. Beobachtungs-Matrix
$\boldsymbol{D}(s, r)$ – Durchgangsmatrix

Lösung im Originalbereich

$$\boldsymbol{x}(t) = e^{\boldsymbol{A}t}\boldsymbol{x}(0) + \int_0^t e^{\boldsymbol{A}(t-\tau)}\boldsymbol{B}\boldsymbol{u}(\tau)\,dt$$

$$\boldsymbol{x}(k) = \boldsymbol{A}^k\boldsymbol{x}(0) + \sum_{i=0}^{k-1} \boldsymbol{A}^{k-i-1}\boldsymbol{B}\boldsymbol{u}(i)$$

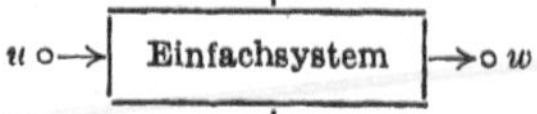

$$\boldsymbol{x}'(t) = \boldsymbol{A}\boldsymbol{x}(t) + \boldsymbol{b}u(t)$$
$$w(t) = \boldsymbol{c}^T\boldsymbol{x}(t) + du(t)$$

$$\boldsymbol{x}(k+1) = \boldsymbol{A}\boldsymbol{x}(k) + \boldsymbol{b}u(k)$$
$$w(k) = \boldsymbol{c}^T\boldsymbol{x}(k) + du(k)$$

mit

u – Ursachen- od. Eingangssignal
w – Wirkungs- od. Ausgangssignal

$\boldsymbol{b}$ – Eingangsspaltenvektor
$\boldsymbol{c}^T$ – Ausgangszeilenvektor
d – Durchgangselement

der (geschlossen) Lösung (im Bildbereich)

$$\boldsymbol{x}(t) = e^{\boldsymbol{A}t}[\boldsymbol{x}(0) + U(\boldsymbol{A})\,\boldsymbol{b}] + \sum \operatorname{Res}\{(\boldsymbol{I}p - \boldsymbol{A})^{-1}\,U(p)\,e^{pt}\boldsymbol{b}\}$$

Pole von
$U(p)$ bei $\lambda_\nu \neq p_i$

$$\boldsymbol{x}(k) = \boldsymbol{A}^k\boldsymbol{x}(0) + U(\boldsymbol{A})\,\boldsymbol{A}^{k-1}\,\boldsymbol{b} + \sum \operatorname{Res}\{(\boldsymbol{I}z - \boldsymbol{A})^{-1}\,U(z)\,z^{k-1}\boldsymbol{b}\}$$

Pole von
$U(z)\,z^{k-1}$ bei $\lambda_\nu \neq z_i$

($\boldsymbol{I}$ = Einheitsmatrix, λ_ν = Eigenwerte von $\boldsymbol{A}$)
und dem Übertragungsfaktor

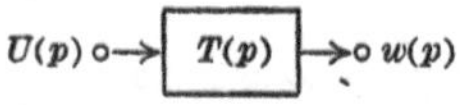

$$T(p) = \boldsymbol{c}^T(\boldsymbol{I}p - \boldsymbol{A})^{-1}\,\boldsymbol{b} + d$$

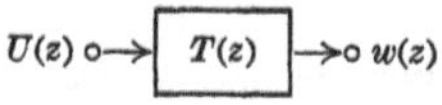

$$T(z) = \boldsymbol{c}^T(\boldsymbol{I}z - \boldsymbol{A})^{-1}\,\boldsymbol{b} + d$$

bekannt — die Beschreibung im Bildbereich durch die $\mathcal{L}$-Transformation. Demgemäß würde es allgemein heißen

$$\begin{aligned} p\boldsymbol{X}(p) - x(0) &= \boldsymbol{AX}(p) + \boldsymbol{BU}(p), \\ \boldsymbol{W}(p) &= \boldsymbol{CX}(p) + \boldsymbol{DU}(p). \end{aligned} \tag{1.41}$$

In unseren Anwendungsfällen spielen „Einfachsysteme" eine Vorzugsrolle, d. h., eine Ursache erzwingt eine (gewollte) Wirkung. Dann werden Vereinfachungen — wie ebenfalls in Tafel 1.9 aufgeführt — wirksam. Zur Aufstellung der Matrizen $\boldsymbol{A}, \boldsymbol{B}, \boldsymbol{C}, \boldsymbol{D}$ bzw. der Spalten- oder Zeilenfaktoren und des Durchgangselementes sind u. a. die zuvor beschriebenen Analyseverfahren geeignet. Neben den KIRCHHOFFschen Gleichungen in der Elementarform (in einfachsten Fällen) hat die Schnittmengenbetrachtung gewisse Vorteile bei der Aufstellung der Zustandsgleichungen.

Beispiel 1.9

Kennenlernen der Zustandsanalyse für eine *RC*-aktive Einsverstärkerschaltung mit endlichem *V*.

Gegeben: Netzwerk, wie in Abb. 1.25a skizziert.

Gesucht: $\dfrac{U_2}{U_1}$?

Lösung: Aufstellung der Zustandsgleichungen.
Aus Abb. 1.25d lesen wir ab als Zeitbereichsdarstellung

$$u_{K1} = u_{C1} + V u_{C2} \quad \text{und} \quad u_{K2} = V u_{C2}. \tag{1.42a}$$

Außerdem gilt

$$(u_1 - u_{K1})\, G_1 = C_1 \dot{u}_{C1} + (u_{K1} - u_{C2})\, G_2 \tag{1.42b}$$

und

$$(u_{K1} - u_{C2})\, G_2 = C_2 \dot{u}_{C2} \tag{1.42c}$$

mit der üblichen Abkürzung $\dot{u}_{C\nu} = \dfrac{du_{C\nu}}{dt}$.

(1.42b) und (1.42c) umgestellt führt bei Beachtung von (1.42a) auf

$$\dot{u}_{C1} = \frac{G_1}{C_1}\,[u_2 - u_{C1} - V u_{C2}] - \frac{G_2}{C_1}\,[u_{C1} + (V-1)\,u_{C2}],$$
$$\dot{u}_{C2} = \frac{G_2}{C_2}\,u_{C1} + \frac{G_2}{C_2}\,u_{C2}(V-1), \tag{1.42d}$$

woraus wir direkt die Zustandsform

$$\begin{pmatrix}\dot{u}_{C1}\\ \dot{u}_{C2}\end{pmatrix} = \begin{pmatrix} \dfrac{-(G_1+G_2)}{C_1} & \dfrac{G_2 - V(G_1+G_2)}{C_1} \\ \dfrac{G_2}{C_2} & \dfrac{(V-1)\,G_2}{C_2}\end{pmatrix}\begin{pmatrix}u_{C1}\\ u_{C2}\end{pmatrix} + \begin{pmatrix}\dfrac{G_1}{C_1}\\ 0\end{pmatrix} u_1 \tag{1.42e}$$

gewinnen. Die Ausgangsgleichung lautet in Matrizenform wegen (1.42a)

$$u_2 = (0 \quad V)\begin{pmatrix}u_{C1}\\ u_{C2}\end{pmatrix} + 0 \cdot u_1 . \tag{1.42f}$$

Berechnung des Übertragungsfaktors.
Nach Tafel 1.10 gilt allgemein bei $d = 0$

$$T(p) = \mathbf{c}^T(\boldsymbol{I}p - \boldsymbol{A})^{-1}\boldsymbol{b} = \frac{\mathbf{c}^T \operatorname{adj}(\boldsymbol{I}p - \boldsymbol{A})\,\mathrm{b}}{\det(\boldsymbol{I}p - \boldsymbol{A})} \tag{1.43}$$

Mit

$$\boldsymbol{I}p - \boldsymbol{A} = \begin{pmatrix} p + \dfrac{G_1+G_2}{C_1} & \dfrac{V(G_1+G_2) - G_2}{C_1} \\ -\dfrac{G_2}{C_2} & p - \dfrac{(V-1)\,G_2}{C_2}\end{pmatrix}$$

gilt

$$T(p) = \frac{1}{\det(\boldsymbol{I}p - \boldsymbol{A})}\,(0 \quad V)\begin{pmatrix} p - \dfrac{(V-1)\,G_2}{C_2} & \dfrac{G_2 - V(G_1+G_2)}{C_1} \\ \dfrac{G_2}{C_2} & p + \dfrac{G_1+G_2}{C_1}\end{pmatrix}\Bigg(\frac{G}{C}$$

$$= \frac{1}{\det(\boldsymbol{I}p - \boldsymbol{A})} (0 \quad V) \begin{pmatrix} \left(p - \frac{(V-1)\,G_2}{C_1}\right) \frac{G_1}{C_1} \\ \frac{G_1 G_2}{C_1 C_2} \end{pmatrix}$$

$$= \frac{\frac{V G_1 G_2}{C_1 C_2}}{\left(p + \frac{G_1 + G_2}{C_1}\right)\left(p - \frac{(V-1)\,G_2}{C_1}\right) + \frac{G_2}{C_1 C_2}\,(V(G_1 + G_2) - G_2)}$$

oder schließlich in Polynomschreibweise mit $R_\nu = \frac{1}{G_\nu}$ $(\nu = 1{,}2)$ das schon zuvor gefundene Ergebnis

$$T(p) = \frac{U_2}{U_1}$$

$$= \frac{V}{p^2 R_1 R_2 C_1 C_2 + p(R_1 C_1 + R_1 C_2 + R_2 C_2 - V R_1 C_1) + 1}. \tag{1.37}$$

1.3. Praktische Stabilitätsbeurteilung

Da der Begriff „*Stabilität*“ sowohl

— systemtheoretisch, d. h., ein System hat bei Ursachen mit endlicher Energie auch nur Wirkungen mit endlicher Energie, als auch
— praktisch, d. h., ein System zeigt Konstanz oder Beständigkeit oder relative Unveränderlichkeit unter dem Einfluß von Zeit (Alterung) und Umwelt,

Verwendung findet, müssen wir unser Anliegen klar herausstellen. Die sytem- oder netzwerktheoretische Stabilität ist selbstverständliche Voraussetzung jeder Realisierung. Welche Forderungen hierfür gültig sind, nennen wir kurz im folgenden Abschnitt.

Typisch für *RC*-aktive Ausführungen ist eine vermehrte Kenntnis der praktischen Stabilität. Die Aussagen über die Toleranzempfindlichkeit (wir sprechen auch „synonym“ von der Toleranzfestigkeit), die Multiparameterempfindlichkeit und spezieller auch die Güteempfindlichkeit bzw. die Anfachung sind wichtige Begriffe in diesem Zusammenhang, die wir näher kennenlernen wollen.

1.3.1. *Systemtheoretische Stabilität* [F 4]

Zu unterscheiden sind speziell

— bedingt stabile Systeme und
— unbedingt stabile Systeme.

Dazu ist es — im theoretischen Sinne — nützlich, alle *Einflußgrößen* (das ist ein Sammelbegriff für Widerstandsgrößen, Kapazitätswerte, Proportionalitätsfaktoren bei gesteuerten Quellen, Verstärkungswerte usw.), die wir z. B. $x_1, x_2, \ldots, x_n$ nennen, als unabhängige Veränderliche aufzufassen. Entsprechend den Vorgaben oder Möglichkeiten bezüglich der Bauelementetoleranzen, können diesen Variablen bestimmte Wertebereiche zugeordnet werden. Ein theoretisch interessanter Sonderfall ist es, den gesamten Wertebereich

$$0 < x_\nu < \infty \tag{1.44}$$

(durch geeignete Vorzeichenwahl oder Zählrichtungen kann stets $x_\nu > 0$ erzwungen werden) zuzulassen. Treten dabei insbesondere negative Glieder auf, so darf angenommen werden, daß — wenn überhaupt — nur bedingte Stabilität vorliegt. (Ein Beispiel dafür sind die Gleichungen für die Güte, wobei (1.32) eine unbedingt stabile und (1.29) nur eine bedingt stabile Struktur repräsentieren.

1.3.2. *Empfindlichkeit*

Uns interessieren *differentielle Parameteränderungen.* Eingeführt von H. Bode [B 1] stützt sich dieser weitreichende Ansatz auf das totale Differential mehrerer

Tafel 1.10
Empfindlichkeitsgesetze in allgemeiner (xy-)Darstellung

x_i = (unabhängige) Einflußgröße
y = (abhängige) Funktion

Für *eine* Einflußgröße (wenn vereinfacht x statt x_i geschrieben wird) gilt

$$S_x^y = \frac{\partial y}{\partial x}\,\frac{x}{y} = \frac{\partial \ln y}{\partial \ln x} = \text{vollrelative Empfindlichkeit}$$

$$\bar{S}_x^y = \frac{\partial y}{\partial x}\,x = \frac{\partial y}{\partial \ln x} = \text{halbrelative Empfindlichkeit}$$

Verknüpfung: $\bar{S}_x^y = yS_x^y$

Δy = **Form von y bei kleinen Abweichungen** $\dfrac{\Delta x_i}{x_i}$

– in relativer Form $\quad \dfrac{\Delta y}{y} \approx \sum\limits_i S_{x_i}^y \dfrac{\Delta x_i}{x_i}$

– **in absoluter Form** $\quad \Delta y \approx \sum\limits_i \bar{S}_x^y \dfrac{\Delta x_i}{x_i}$

Rechenregeln

$S_x^{y_1 y_2^{\pm 1}} = S_x^{y_1} \pm S_x^{y_2}$	$S_x^{\frac{1}{y}} = -S_x^y$
$S_x^{y_1(y_2(x))} = S_{y_2}^{y_1} \cdot S_x^{y_2}$	$S_{\frac{1}{x}}^y = -S_x^y$
$S_x^{y(x_1, x_2)} = S_{x_1}^y \cdot S_x^{x_1} + S_{x_2}^y \cdot S_x^{x_2}$	$S_x^{e^y} = yS_x^y$
$S_x^{ky} = S_x^y \quad (k = \text{const.})$	$S_x^{y^*} = (S_x^y)^*$ (* $\triangleq$ **konjug. Komplex)**

Korrespondenzen

$y(x)$	S_x^y	$y(x)$	S_x^y
K	0	e^x	x
Kx	1	$\lg x$	$\dfrac{1}{\lg x}$
Kx^{-1}	-1	$\dfrac{\alpha x + \beta}{\gamma x + \delta}$	$\dfrac{(\alpha\delta - \beta\gamma)\,x}{(\alpha x + \beta)(\gamma x + \delta)}$
Kx^n	n		

Veränderlicher. Wenn eine Funktion y, die eine komplexe Funktion, z. B. $T(p)$, oder eine reelle Charakteristik, z. B. $A(\omega)$, $B(\omega)$, $T(j\omega)$, oder einen Kennwert, z. B. p_ν, Q, repräsentieren kann, ist diese i. a. von mehreren oder allen Netzwerkgrößen abhängig. Mathematisch ausgedrückt, heißt das

$$y = y(x_1, x_2, \ldots, x_n)\,, \tag{1.45}$$

und es gilt

$$\frac{\mathrm{d}y}{\mathrm{d}x} = \sum_i \frac{\partial y}{\partial x_i}\,\mathrm{d}x_i\,. \tag{1.45a}$$

Das ist die Basis der in Tafel 1.10 aufgeführten Begriffe und Gesetze.

Beispiel 1.10

Vertrautwerden mit Empfindlichkeitsfunktionen für Grundformen zweiter Ordnung (die als Kaskaden-Funktionsblöcke besondere praktische Bedeutung haben).

Gegeben: $T(p) = \dfrac{F(p)}{\dfrac{p}{\omega_0} + \dfrac{1}{Q} + \dfrac{\omega_0}{p}}$ in normierter Form, die für $|T(j\omega)|$ auf einen Nennerausdruck $f\left(\nu = \dfrac{\omega}{\omega_0} - \dfrac{\omega_0}{\omega}, Q\right)$ führt.

Gesucht: Formeln und Prinzipverläufe von

$$S_Q^{|T(j\omega)|} \quad \text{und} \quad S_{\omega_0}^{|T(j\omega)|}\,.$$

Lösung: Mit

$$|T(j\omega)| = \frac{|F(j\omega)|}{\nu^2 + \dfrac{1}{Q^2}}$$

finden wir bei Anwendung der Formeln nach Tafel 1.11

$$S_Q^{|T(j\omega)|} = \frac{1}{Q^2\nu^2 + 1} \tag{1.46a}$$

und

$$S_{\omega_0}^{|T(j\omega)|} = \frac{Q^2\nu\sqrt{\nu^2+4}}{Q^2\nu^2+1}. \tag{1.46b}$$

Über ν aufgetragen, gehören Verläufe, wie in Abb. 1.29 skizziert, dazu.

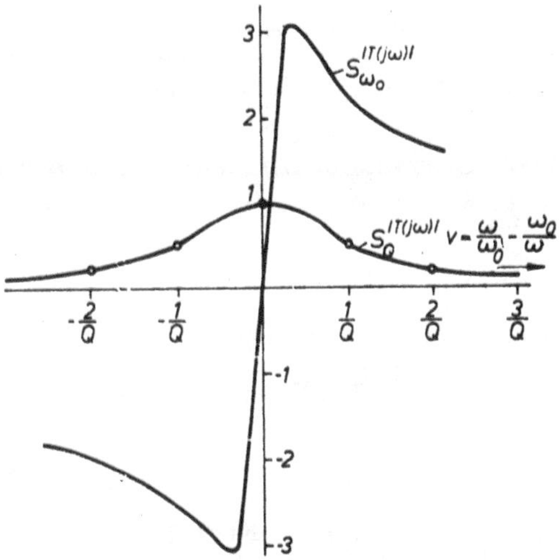

Abb. 1.26 Empfindlichkeitskennlinien eines Funktionsblockes 2. Grades

Diskussion: $S_Q^{|T(j\omega)|}$ hat einen geraden resonanzartigen Verlauf mit einem Maximalwert 1 bei $\nu = 0$. Die Halbwertsbreite beträgt $\nu_H = \frac{1}{Q}$. $S_{\omega_0}^{|T(j\omega)|}$ hat einen ungeraden resonanzartigen Verlauf, der im Ursprung den Wert Null und bei $\nu_{\text{extr.}} = \pm\frac{1}{\sqrt{Q^2 - \frac{1}{2}}}$ Extremwerte von $\pm\frac{Q}{\sqrt{1 - \frac{1}{4Q^2}}}$ aufweist.

Praktisch heißt das, der Betrag der Übertragungsfunktion ändert sich maximal nur wie die Polgüte, während Polfrequenzänderungen (bei $Q > 3$) Q-fach eingehen. Das entspricht den technischen Gegebenheiten, da ω_0 dominierend von den passiven Elementen abhängt, die vergleichsweise „stabil" sind. Da insgesamt beide Einflußgrößen in

$$\frac{\Delta\,|T(j\omega)|}{|T(j\omega)|} \approx S_Q^{|T(j\omega)|}\,\frac{\Delta Q}{Q} + S_{\omega_0}^{|T(j\omega)|}\,\frac{\Delta\omega_0}{\omega_0} \tag{1.46c}$$

eingehen und tatsächlich vorkommende Güteschwankungen viel größer als Frequenzabweichungen sind, überwiegt im Regelfall das erste Glied von (1.46c) auf der rechten Seite. Entsprechende Überlegungen gelten für die hier nicht besprochenen Phasenempfindlichkeiten.

Außer Empfindlichkeitsfunktionen haben tatsächlich auch Empfindlichkeits*kennwerte* Bedeutung. Speziell sind hier zu nennen

$S_x^{\omega_0}$ = Polfrequenzempfindlichkeit bezüglich x,

S_x^Q = Polgüteempfindlichkeit bezüglich x, (1.47)

$S_x^{p_\nu}$ = Pol- oder Nullstellenempfindlichkeit bezüglich x.

Beispiel 1.11

Berechnung von Empfindlichkeitskennwerten

Gegeben: Übertragungskennwerte ω_0 und Q, herrührend von verlustbehafteten Gyratorschaltungen (Abb. 1.11a), gemäß (1.11c) und (1.11d).

Gesucht:

1. Zusammenhang zwischen $G_{\nu\nu}$ und C_ν ($\nu = 1{,}2$), damit $Q = Q_m$ maximal wird. (Dabei soll das Verhältnis $\sqrt{\dfrac{C_2}{C_1}}$ als wesentlich angesehen werden.)

2. $S_{x_i}^Q$, $S_{x_i}^{Q_m}$ und $S_{x_i}^{\omega_m}$ in Tabellenform für

$$x_i = C_1,\ C_2,\ G_{11},\ G_{22},\ G_{01},\ G_{02}$$

Lösung:

Zu 1. Da die Funktion $y = ax + \dfrac{b}{x}$ (errechnet aus $\dfrac{\mathrm{d}y}{\mathrm{d}x} = a$

$-\frac{b}{x_{\min}^2} = 0)$ ein Minimum bei $x_{\min} = \frac{b}{a}$ besitzt, wird die Bestimmungsgleichung für Q einen Höchstwert bei

$$G_{11}\sqrt{\frac{C_2}{C_1}} = G_{22}\sqrt{\frac{C_1}{C_2}}$$

oder übersichtlicher bei

$$G_{11}C_2 = G_{22}C_1 \tag{1.48a}$$

annehmen. Dazu gehören

$$\omega_m = \frac{1}{C_2}\sqrt{\frac{G_{22}}{G_{11}}(G_{11}G_{21} + G_{01}G_{01})} \tag{1.48b}$$

und

$$Q_m = \frac{1}{2}\sqrt{\frac{G_{11}G_{22} + G_{01}G_{02}}{G_{11}G_{22}}}. \tag{1.48c}$$

Zu 2.

Mit $\alpha = \sqrt{\frac{G_{22}C_1}{G_{11}C_2}}$ errechnen wir nach Tafel 1.11, d. h. mit

$$S_{x_i}^{Q} = \frac{\partial Q}{\partial x_i}\frac{x_i}{Q}, \quad S_{x_i}^{Q_m} = \frac{\partial Q_m}{\partial x_i}\frac{x_i}{Q_m} \quad \text{und} \quad S_{x_i}^{\omega_0} = \frac{\partial \omega_0}{\partial x_i}\frac{x_i}{\omega_0},$$

die folgende Tabelle

x_i	C_1	C_2	G_{11}	G_{22}	G_{01}	G_{02}
$S_{x_i}^{Q}$	$\frac{1}{2} - \frac{\alpha}{2}\frac{Q}{Q_m}$	$\frac{1}{2} - \frac{1}{2\alpha}\frac{Q}{Q_m}$	$-\frac{1}{2\alpha}\frac{Q}{Q_m}$	$-\frac{\alpha}{2}\frac{Q}{Q_m}$	$\frac{1}{2}$	$\frac{1}{2}$
$S_{x_i}^{Q_m}$	0	0	$-\frac{1}{2}$	$-\frac{1}{2}$	$\frac{1}{2}$	$\frac{1}{2}$
$S_{x_i}^{\omega_0}$	$-\frac{1}{2}$	$-\frac{1}{2}$	$\frac{1}{4Q_m}$	$\frac{1}{4Q_m}$	$\frac{1}{2}$	$\frac{1}{2}$

Es sind vergleichsweise kleine, d. h. günstige, Kennwerte, da $\frac{Q}{Q_m} \leq 1$ gilt. Speziell die $S_{C_\nu}^{Q_m}$ $(\nu = 1,2)$ sind Null, und die

$S^{\omega_0}_{G_{\nu\nu}}$ $(\nu = 1{,}2)$ nehmen umgekehrt mit Q_m ab. $\frac{1}{2}$ ist ein Zahlenwert, der für passive Netzwerke typisch ist.

Die Toleranzeigenschaften einer Funktion y gegenüber einem Parameter„vektor" $\boldsymbol{x} = x_1, x_2, \ldots, x_n$ können durch die *Multiparameter*empfindlichkeit erfaßt werden. Zwei Betrachtungsweisen haben vermehrte Bedeutung erlangt. Das ist erstens der sog. *worst-case*-Empfindlichkeitsindex

$$y_{\mathrm{W}} = \sum_i k_i S^y_{x_i}. \tag{1.49}$$

Nehmen wir für k_i den Betrag des maximalen relativen Fehlers der i-ten Einflußgröße x_i an, so repräsentiert y_w wegen der Betragsbildung von $S^y_{x_i}$ die maximal mögliche relative Abweichung der Größe y bei ungünstigstem Zusammentreffen aller Toleranzen der Einflußgrößen. Wirken viele Einflußgrößen auf y ein, so wird die worst-case-Abweichung unwahrscheinlich. Dann ist es treffender, den statistischen Empfindlichkeitsindex

$$y_s{}^2 = \sum_i k_i \, |S^y_{x_i}|^2 \tag{1.50}$$

zur Beurteilung heranzuziehen. Im Sonderfall einer GAUSS-Verteilung der Toleranzen und bei fehlender Korrelation zwischen den Einzelgrößen ist k_i die Varianz der Einflußgröße x_i und y_s die totale Varianz bezüglich y [R 16].

Es lassen sich noch weitere bemerkenswerte Folgerungen ziehen, u. a. können *Empfindlichkeitsinvarianten* aufgestellt werden. So gilt für eine beliebige Impedanzfunktion Z stets

$$\sum S^Z_{R_i} + \sum S^Z_{L_i} - \sum S^Z_{G_i} - \sum {}^Z_{C_i} = 1, \tag{1.51}$$

wobei R_i, L_i, G_i, C_i die beteiligten Elemente (auch herrührend von gesteuerten Quellen) sind. Im Admittanzfall heißt das Resultat -1 und für dimensionslose Übertragungsfunktionen — da solche stets als Quotient zweier

Impedanz- oder Admittanzfunktionen aufgefaßt werden können — Null.

Wegen der praktischen Bedeutung sind nützliche rechnergestützte Analysemethoden entwickelt worden, die ohne Differentiation (also rein algebraisch) zu Ergebnissen führen [F 11]. Wollen wir tiefer in die Problematik eindringen, wird das Standardwerk von GEHER [G 2] empfohlen. In [H 2] findet man außerdem zahlreiche Literaturstellen dazu.

1.3.3. *Anfachung*

Übertragungsfaktoren zweiten Grades, die „theoretisch" als *RC*-Resonatorformen (Abschnitt 1.1.3) und praktisch als Kaskaden-Funktionsblöcke (Abschnitt 2.3.2) herausragende Bedeutung haben, lassen sich allgemein in der Form angeben

$$\frac{\text{Zähler}}{b_0 + b_1 p + p^2} = \frac{\text{Zähler}}{\omega_0^2 + \dfrac{\omega_0}{Q} p + p^2} \tag{1.52a}$$

mit $b_0, b_1 > 0$,

woraus durch Vergleich

$$Q = \frac{\sqrt{b_0}}{b_1} \quad \text{und} \quad \omega_0 = \sqrt{b_0} \tag{1.52b}$$

folgt. Aus Erfahrung ist bekannt, daß die Polfrequenz bei den meisten Schaltungen nur von den relativ stabilen passiven Bauelementen abhängt. Ihr Wert ist damit vergleichsweise toleranzfest. Dagegen ist der Kennwert „Güte", besonders wenn ein hoher Zahlenwert mit hinreichend großer „Stabilität" gefordert wird, eine Fundamentalgröße der aktiven *RC*-Netzwerke. In Erkenntnis dieser Tatsache hat J. GENSEL [G 12] den Begriff *Anfachung* geprägt, der treffend die „Gütestabilität" charakterisiert.

Es sei angenommen, daß b_0 nur positive Summanden enthält, während in b_1 wenigstens ein negatives Glied vorkommen soll. Sonst hat die „zugehörige" Schaltung keine Anfachung. Dann können wir stets schreiben

$$b_1 = b_1' - b_2'' = b_1'(1 - b_2''/b_1').$$

Mit dem zusätzlichen Begriff

$$Q_0 = \frac{\sqrt{b_0}}{b_1} = \textit{Grundgüte} \tag{1.53}$$

wird daraus

$$Q = Q_0 \frac{1}{1-a} = Q_0 f, \tag{1.54}$$

wobei

$$a = \frac{b_2''}{b_1'} = \textit{Anfachungskoeffizient} \tag{1.54a}$$

und

$$f = \frac{1}{1-a} = \textit{Anfachung} \tag{1.54b}$$

heißen. Durch Umstellung von (1.64) ist ersichtlich, daß die Anfachung auch als Verhältnis der Güte zur Grundgüte aufgefaßt werden kann. Noch anders formuliert: Die Grundgüte entsteht durch Weglassen des bzw. der negativen Terme in b_1. Der Leser wolle zusammenfassend bemerken, daß eine Schaltung mit Anfachung grundsätzlich bedingt stabil ist, weil der negative Anteil durch Änderung der Schaltelemente unendlich große oder negative Gütewerte annehmen kann.

Die wichtigste Eigenschaft der Anfachung ist, daß sie einen oberen Grenzwert des Betrages der Empfindlichkeiten markiert. Damit ist sie ein rationeller Kennwert für die Stabilitätsaussage. Ohne Beweis entnehmen wir [B 14]:

$$|S^Q_{x_\nu}| \leqq f. \tag{1.55}$$

Praktisch kann es trotzdem möglich sein, daß eine Schaltung mit Anfachung stabiler ist als ohne, wenn die großen Empfindlichkeiten stabile R_ν und C_μ betreffen und kleine Empfindlichkeiten bezüglich stärker streuender V vorkommen.

1.3.4. Klassifizierung der RC-Resonatoren

Das Kennwertpaar Polgüte Q und Polfrequenz ω_0 beschreibt Nennerfunktionen zweiten Grades (wie z. B. in (1.29)) — und damit Resonatoren — vollständig. Tatsächlich sind in RC-aktiven Schaltungen die

— Gütestabilität (oder Güteunempfindlichkeit, vorzugsweise bezüglich des „aktiven Parameters" V) und die
— (notwendige) Mindestverstärkung

von besonderem Interesse. Außerdem sind die absoluten Werte und die *numerischen* Bauelemente*unterschiede* zu beachten.

Würden wir alle nur denkbaren Resonatorformen untersuchen (das ist in [B 14] umfassend und gründlich geschehen), so würde sich folgende Einteilung anbieten:

1. Resonatoren mit Anfachung, deren Grundgüte

$$Q_0 \leqq \frac{1}{2}$$

beträgt.

2. Resonatoren mit Anfachung, mit denen eine beliebige endliche Grundgüte Q_0 erzeugt werden kann.

3. Resonatoren ohne Anfachung mit beliebiger (endlicher) Güte $Q = Q_0$.

4. Resonatoren mit grundsätzlich unendlicher Güte.

Es ist ohne lange Erklärungen verständlich, daß die unter 1. aufgeführte Klasse wenig leistungsfähig ist und fortan außer Betracht bleibt. Die Klasse mit den Eigenschaften von 2. bietet schon gute Chancen für die

Tafel 1.11
Kennwerte fundamentaler RC-Resonatoren bei Standardbemessung

Art		Standardbemessung	Polfrequenz ω_0 Polgüte Q	Bemerkungen (m = max. Schaltelementeverhältnis)	
Grund-formen	GF1 GF1'	$C_a = C_b = C$ $R_d = 2Q_0R,\ R_c = \frac{R}{2Q_0}$	$\omega_0 = \frac{1}{RC}$ $Q = \frac{Q_0}{1 + \frac{2Q_0^2}{1+V}}$ $V \to \infty: Q = Q_0$	$m = \frac{G_c}{G_d} = \frac{R_d}{R_c} = 4Q_0^2$	$S_V{}^Q = \frac{2QQ_0V}{(1+V)^2}$
	GF2 GF2'	$R_a = R_b = R$ $C_d = \frac{C}{2Q_0},\ C_c = 3Q_0C$		$m = \frac{C_c}{C_d} = 4Q_0^2$	
Ange-fachte Grund-formen	AGF1 AGF1'	$C_a = C_b = C$ $R_c = \frac{R}{2Q_0},\ R_d = 2Q_0R$ R_8 beliebig, $R_7 = \left(\frac{1}{k} - 1\right) R_8$	$\omega_0 = \frac{1}{RC}$ Bei $k = \frac{R_8}{R_7 + R_8}$ $Q = \frac{Q_0}{1 + \frac{1-kV}{1+(1-k)V} 2Q_0^2}$	$m = \frac{G_c}{G_d} = 4Q_0^2$	$S_V{}^Q = \frac{2QQ_0V}{[1+(1-k)V]^2}$
	AGF2 AGF2'	$R_a = R_b = R,\ R_8$ beliebig $R_7 = \left(\frac{1}{k} - 1\right) R_8$ $C_c = 2Q_0C,\ C_d = \frac{C}{2Q_0}$	$V \to \infty: Q = \frac{Q_0}{1 - \frac{k}{1-k} 2Q_0^2}$	$m = \frac{C_c}{C_d} = 4Q_0^2$	$S_k{}^Q = \frac{2QQ_0k}{\left(1 - k + \frac{1}{V}\right)^2}$

6-AIK-Resonator	$Y_1 = Y_3 = Y_5 = Y_6 = \frac{1}{R}$ $Y_2 = Y_4 = pC$, + rechts je OV: Verstärkung V	$\omega_0 = \frac{1}{RC} \sqrt{\frac{(V-1)(V-2)}{(V+1)(V+2)}}$ $Q = \frac{1}{4} \sqrt{(V^2-1)(V^2-4)}$	$V \gg 1$: $Q \approx \frac{1}{4} V^2$
Integrator-schleife	$R_1 = R_2 = R_3 = R_5 = R = \frac{1}{G}$ $Y_4 = Y_6 = pC + G_R$ $V_1 = V_2 = V_3 = V, V_i = \frac{R_R}{R} = \frac{G}{G_R}$	$\omega_0 = \frac{1}{RC} \times \sqrt{\frac{1 + \frac{1}{V_i^2} + \frac{2}{V}\frac{1}{V_i}\left(1 + \frac{2}{V_i}\right)}{1 + \frac{4}{V}}}$ $Q = \frac{\sqrt{\left(1 + \frac{4}{V}\right)\left[V_i^2 + 1 + \frac{2}{V}(2 + V_i)\right]}}{2\left[1 + \frac{1}{V}(4 + V_i)\right]}$	$V_i \to \infty$: $\omega_0 = \frac{1}{RC} \frac{1}{\sqrt{1 + \frac{4}{V}}}$ $Q = \frac{\sqrt{1 + \frac{4}{V}}}{\frac{2}{V}} \approx \frac{V}{2}$ bei $V \gg 1$

RC-aktive Realisierung, obwohl auch noch hier zumindest theoretisch, die „bedingte Stabilität“ offenbar ist. Durch wohldosierte Anfachung ($f \approx 2$ bis 5) können trotzdem brauchbare Resultate erzielt werden. Überlegen in vielen Details (übersichtlich, einfach, keine Anfachung) repräsentiert sich die Klasse unter 3. Die theoretisch noch günstigere Klasse unter 4. wird durch erhöhten Aufwand erkauft.

So gesehen, wird die praxisnahe Beurteilung der verschiedenen Resonatorformen sehr übersichtlich. In Tafel 1.11 sind für den Entwicklungsingenieur, eingeteilt nach

— Grundformen (GF 1, GF 2, GF 1′, GF 2′), die Resonatoren gemäß 3. realisieren

— Angefachte Formen (AGF 1, AGF 2, AGF 1′, AGF 2′), die Resonatoren gemäß 2. verwirklichen und

— 6 AIK-Resonatoren und Integratorschleifen, die Resonatoren gemäß 4. darstellen,

Eigenschaften explizit (bei Standardbemessungen) notiert. Selbstverständlich ist diese tabellarische Wertung nicht vollständig, wenn weitere praktische Gesichtspunkte beachtet werden müssen. Auffallend sind zunächst die vergleichsweise einheitlichen Bemessungsregeln. Grenzfälle lassen sich daraus — wie z. T. in den Spalten Bemerkungen ausgewiesen — bequem ableiten und deuten. Da α und β allgemein als Koeffizienten für Bauelementeunterschiede eingeführt wurden, ist mühelos ein Rückschluß auf praktikable Möglichkeiten gegeben. Weitere Aspekte sind u. a.: Die Grundformen GF 1 und GF 1′ werden wir bevorzugen, wenn gleiche Kapazitäten vorteilhaft sind und die Güte allein durch ein (meist ohne Schwierigkeiten realisierbares) Widerstandsverhältnis festgelegt sein soll. (Für regelbare Güten ist eine solche Struktur deshalb ausgezeichnet geeignet.) Entsprechend kann in den Grundformen GF 2 und GF 2′ bei tiefen Polfrequenzen eine Kapazität nachteilig groß ausfallen. Die Resonatoren mit Anfachung verfügen naturgemäß über „mehr Freiheitsgrade" und sind deshalb für spezielle Zielstellungen (geringer Verstärkungsbedarf, günstige Rauscheigenschaften) ebenfalls sehr nützlich. Wegen ihrer prinzipiellen Verlustlosigkeit nehmen die 6 AIK-Resonatoren und die Integratorschleife eine Sonderstellung ein. Wie schon in Abschnitt 1.1.3. gezeigt, beruht das „Konverterkonzept" auf solchen Formen, und wir werden noch sehen, daß sich daraus eine „universelle Realisierungsart" — die unmittelbar vom „optimalen" (passiven) Reaktanzmodell ausgeht und damit auch ähnlich gute Empfindlichkeitseigenschaften erwarten läßt — herleiten läßt (Abschnitt 2.3.3.2).

Weitere Einzelheiten zu den verschiedenen Ausführungsformen werden wir mit praktischen Ergänzungen im Realisierungsabschnitt kennenlernen.

2. Entwurf aktiver *RC*-Netzwerke

2.1. Zulässige Funktionen

Für lineare und zeitinvariante aktive Analognetzwerke gelten prinzipiell die aus Bd. I und II bekannten Realisierungsbedingungen. Vorrangige Bedeutung hat nur die Übertragungsfunktion

$$T(p) = \frac{\text{Wirkung}}{\text{Ursache}} = \frac{KF(p)}{G(p)}, \tag{2.1}$$

wobei grundsätzlich aus Stabilitätsgründen gefordert wird

- $F(p)$ = Polynom mit reellen Koeffizienten,
- $G(p)$ = Hurwitz-Polynom,
- Grad von $G(p) \geqq$ Grad von $F(p)$.

Über die Konstante K kann — in Abhängigkeit von der Verstärkung — prinzipiell frei verfügt werden. Werden

Filterrealisierungen angestrebt, so entsprechen die genannten Bedingungen den in Tafel II 1.3 aufgeführten Einschränkungen ($F(p)$ entartet in diesem Fall in eine gerade oder eine ungerade Funktion). Damit könnte das einseitig abgeschlossene „Reaktanzmodell" als physikalischer Hintergrund angesehen werden. Das gilt auch im praktischen Vorzugsfall, wo meist mit einer am „Ausgang leerlaufenden" *Spannungsübertragungsfunktion* gerechnet wird. Schon jetzt sei bemerkt, die Nachbildung von ein- oder zweiseitig belasteten passiven LC-Strukturen (z. B. in Form der Übersetzer-Netzwerke, Abschn. 2.3.3.2.) wird sich als eine sehr universelle und leistungsfähige Realisierungsart erweisen. Aus Erfolgsgründen hat außerdem die Zerlegung in „rückwirkungsfreie Funktionsblöcke" niedrigen Grades besondere Bedeutung, da es durch Verstärkerausgänge bequem möglich ist, einen „beliebig kleinen" sekundären Betriebswiderstand zu erzeugen (Abschn. 2.3.2.).

Bei der Annahme, daß zunächst (2.1.) der Quotient zweier Frequenzpolynome ist, deren höchster Zähler- und Nennerkoeffizient von gerader Ordnung ist, so gilt offenbar nach (I 2.9a und 2.9b)

$$T(p) = K \frac{\prod_{\mu=1}^{\frac{m}{2}} \left(\omega_{0\mu}^2 + \frac{\omega_{0\mu}}{Q_\mu} p + p^2\right)}{\prod_{\nu=1}^{\frac{n}{2}} \left(\omega_{0\nu}^2 + \frac{\omega_{0\nu}}{Q_\nu} p + p^2\right)}. \tag{2.2}$$

Tatsächlich können noch Linearfaktoren der Art

$$\frac{1}{\bar{\sigma}_{0\nu} + p}, \quad (\sigma_{0\mu} + p) \tag{2.2a}$$

bzw. Potenzfaktoren der Art

$$p^\varrho \quad (\varrho = \text{ganze Zahl}) \tag{2.2b}$$

hinzutreten. Allgemein wird die Güte definiert als

$$Q_{\nu,\mu} = \frac{\omega_{0\nu,\mu}}{2\bar{\sigma}_{\nu,\mu}} = \frac{\sqrt{\sigma_{\nu,\mu}^2 + \omega_{\nu,\mu}^2}}{2\bar{\sigma}_{\nu,\mu}}. \tag{2.3}$$

Tafel 2.1

$T(p)$-Grundformen zweiten Grades mit PN-Plänen und Frequenzgängen

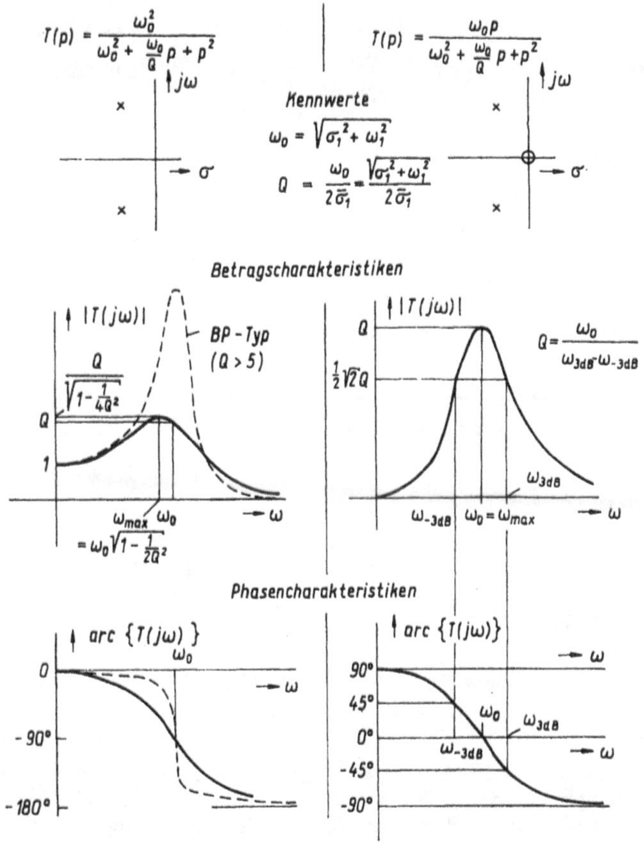

Die Güte ist ein Maß für die „Resonanzfähigkeit" eines Poles (Q_ν) oder einer Nullstelle (Q_μ). Tafel 2.1 zeigt summarisch für zwei häufig vorkommende „Grundformen 2. Ordnung" PN-Pläne und Frequenzcharakteristiken. Q kann danach direkt als „*Resonanzüberhöhung*" gedeutet werden. Weitere Einzelheiten, z. B. über die Konstruktion der Frequenzgänge aus den PN-Daten, siehe [F 1].

Beispiel 2.1

Gegeben: TP-Standard-Toleranzfeld, wie in Abb. 2.1a skizziert.

Gesucht: $Q = f(\delta, n)$ für TP P n A_{max} und TP T_1 n A_{max} mit

$$\delta = \sqrt{10^{0,1 A_{max}} - 1}.$$

Lösung:

Für das Potenzfilter gilt nach (T 2.8)

$$p_\nu = \frac{1}{\sqrt[n]{\delta}} \left(-\sin \frac{2\nu - 1}{n} \frac{\pi}{2} + j \cos \frac{2\nu - 1}{n} \frac{\pi}{2} \right)$$

und damit für die Polgüte wegen (2.3)

$$Q_\nu = \frac{1}{2 \sin \frac{2\nu - 1}{n} \frac{\pi}{2}} \quad \text{unabhängig von } \delta \tag{2.3a}$$

$$\text{mit } \nu = 1,2,\ldots \begin{cases} \frac{n}{2} & \\ & \text{bei} \\ \frac{n-1}{2} & \end{cases} \begin{matrix} n \text{ gerade}, \\ \\ n \text{ ungerade}. \end{matrix}$$

Zu $\nu = 1$ gehört

$$Q_{max} = \frac{1}{2 \sin \frac{\pi}{2n}} \quad \text{unabhängig von } \delta. \tag{2.3b}$$

In Tafel I 2.3 sind für $n = 2(1)\cdots 9$ und $A_{max} = 3$ dB $\triangleq \delta = 1$ Teilpolynome als f (Polgüten) und Koeffizienten tabelliert. (Für andere A_{max}-Werte ist eine „Maßstabsänderung" einfach möglich.) Für das T_1-Filter gilt nach (I 2.13b)

$$p_\nu = -\sigma_{HA} \sin \frac{2\nu - 1}{n} \frac{\pi}{2} + j\omega_{HA} \cos \frac{2\nu - 1}{2} \frac{\pi}{2}$$

mit $\sigma_{HA} = \sinh v_0$, $\omega_{HA} = \cosh v_0$, $v_0 = \frac{1}{n} \sinh^{-1} 1$,

$$\nu = 1,2, \ldots \begin{cases} \frac{n}{2} & \text{bei } n \text{ gerade}, \\ \frac{n-1}{2} & \text{bei } n \text{ ungerade}, \end{cases}$$

und damit für die Polgüte wegen (2.3)

$$Q_\nu = \frac{1}{2} \sqrt{1 + \frac{1}{\tanh^2 v_0 \cdot \tan^2 \frac{2\nu - 1}{n} \frac{\pi}{2}}}. \qquad (2.3\text{c})$$

Zu $\nu = 1$ gehört

$$Q_{max} = \frac{1}{2} \sqrt{1 + \frac{1}{\tanh^2 v_0 \tan^2 \frac{\pi}{2n}}}. \qquad (2.3\text{d})$$

In Tafel I 2.5 sind für $n = 2(1) \cdots 9$ und $A_{max} = 0{,}04$, $0{,}18$, $1{,}25$ dB Polfrequenzen und Polgüten für den praktischen Gebrauch tabelliert.

2.2. *Approximationen*

2.2.1. *Besonderheiten bei aktiven Realisierungen*

Da — wie eben erläutert — zwischen den zulässigen Funktionen für passive und aktive Realisierungen kein grundsätzlicher Unterschied besteht, können entsprechend die Approximationsresultate übernommen werden. Für Standardfälle bevorzugen wir Kataloglösungen, die — wenn nur die Koeffizienten der Übertragungsfunktionen bekannt sind — u. U. in lineare und quadratische Teilfunktionen aufzuspalten sind. Sind PN-Daten bekannt, so ist diese Teilaufgabe völlig problemlos. Gebrauchsfertige Resultate präsentieren die Tafeln I 2.3 und I 2.5. Bei allgemeinen Selektivvorschriften ist es vorteilhaft, eine numerische Lösung durch rechnergestützte Iteration der Drosselungsfunktion zu finden. Da aktive *RC*-Netzwerke zusätzliche Nebenbedingungen verlangen (z. B. hinreichend große Stabilitätsreserve, gekennzeichnet durch die Güte des „Dominantpolpaares", oder „reelle Festpole" in der p-Ebene) ist dieser Ansatz nicht immer brauchbar, da nur die *direkte Approximation* einer Vorschrift *durch einen zulässigen Übertragungsfaktor* zum Ziel führt [F 3]. (Eine konsequente Weiterführung wäre eine iterative Approximation einer Vorschrift durch ein zulässiges Netzwerk. Dieser Weg wird auch als iterative Schaltungssynthese bezeichnet. Da bisher die erhofften universellen Ergebnisse noch ausgeblieben sind, gehen wir nicht weiter auf diesen Ansatz ein [J 11].)

2.2.2. *Gütearme Filterapproximationen*

Grundlage aller Betrachtungen sei zunächst ein TP-Dämpfungs-Toleranzfeld, wie in Abb. 2.1a skizziert. Die Approximationsaufgabe selbst bestehe darin, durch zulässige Übertragungsfunktionen mit verminderter Polgüte die gegebenen Vorschriften zu erfüllen. Klassische Lösungen dafür sind die Approximationen TP P, TP T_1, TP T_2 und TP C. Üblich ist es, bei vorgegebenem A_{max}, A_{min} und ω_k nomografisch den notwendigen Grad n zu bestimmen und aus Katalogen die PN-Daten bzw. die Koeffizienten der zugehörigen Übertragungsfunktion zu entnehmen [F 3]. Charakteristisch sind „wannenförmige" Verteilungen mit nur einfachen Polen(Abb. 2.1 b), die damit stets ein dominierendes Polpaar oder nach (2.3) einen maximalen (Pol-) Gütewert aufweisen. Diese Feststellungen stehen im Widerspruch mit der durch aktive

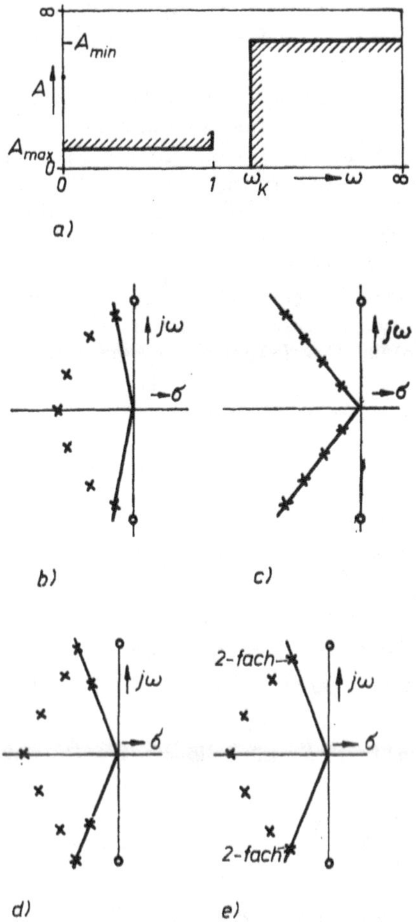

Abb. 2.1 Plausible Erläuterung der gütearmen Filterapproximation

a) TP-Standardtoleranzfeld
b) Polverteilung mit optimaler Selektivität
c) Polverteilung mit gleichen (Pol-) Güten
d) Gütereduzierte Polverteilung mit „gespreiztem" Polquadrupel
e) Gütereduzierte Polverteilung mit 2fachem Dominantpol

Realisierungen aufgekommenen Forderung nach möglichst kleinen – u. U. sogar gleichen – Polgüten (Abb. 2.1c).

Die Lösung beruht auf einem Kompromiß zwischen Abb. 2.1b und Abb. 2.1c d. h., das dominierende Polpaar wird durch ein Polquadrupel (auch höhere Formen sind denkbar) gleicher Güte ersetzt (Abb. 2.1d). Ein „lokales" Optimum ist der Sonderfall eines „doppelten" (allgemein: k-fachen) Polpaares (Abb. 2.1e). Diese Idee läßt sich auf alle bekannten Filterapproximationen anwenden. Als besonders lohnenswert haben sich Modifikationen der T_1- und C-Approximationen erwiesen, wenn mit einem 2fachen Dominantpol gerechnet wird. Im einzelnen gilt

Modifizierter T_1-Fall TP $T_{1M(2)}$.

Die Approximationsaufgabe besteht darin, in

$$T(p) = \frac{1}{\left[\omega_0^2 + \frac{\omega_d}{Q_{\max}}\, p + p^2\right]^2 \sum\limits_{\nu=0}^{n-4} b_\nu p^\nu} \tag{2.8}$$

die zunächst nicht bekannten Koeffizienten ω_0, $Q_{\max}$, $b_0, b_1, \ldots, b_{n-4}$ zu ermitteln. Als Zielfunktion soll

$$A(\omega) = -20 \lg |T(j\omega)| \tag{2.9}$$

das Toleranzfeld nach Abb. 2.1a mit „equalripple"-Verhalten im Durchlaßbereich befriedigen. (Im Gegensatz zum klassischen T_1-Fall sind wegen (2.8) nur bei

$n =$ gerade: $\frac{n}{2} - 1 \left(\text{statt } \frac{n}{2}\right)$ Höcker bzw. Täler

bzw.

$n =$ ungerade: $\frac{n-1}{2} - 1 \left(\text{statt } \frac{n-1}{2}\right)$ Höcker und

$\frac{n-1}{2} \left(\text{statt } \frac{n-1}{2} + 1\right)$ Täler

im Durchlaßbereich verifizierbar.)

Praktisch kann diese Aufgabe nur numerisch gelöst werden. Das ist mittels der Rechentechnik in [F 17] geschehen.

Wesentliches Resultat ist die Tatsache, daß bei den Fällen $n = 5 \cdots 12$ durch eine Graderhöhung um nur 1 eine *Gütereduktion auf rund 1/3 wirksam* wird. Oder mit anderen Worten: Durch eine geringfügige Graderhöhung

— die mitunter durch ein einfaches passives *RC*-Element realisiert werden kann — wird eine etwa dreifach größere Stabilitätsreserve erzielt.

Modifizierter C-Fall (TP $C_{M(2)}$)

Die Approximationsaufgabe läßt sich sinngemäß so erweitern, daß im Durchlaß- und Sperrbereich gleichzeitig eine gleichmäßige Approximation vorliegt. Ergebnisse dazu sind in [F 19] publiziert. Die Wirksamkeit

Tafel 2.2
$\omega_{0\nu}$- und Q_ν-Daten für TP $T_{1M(2)}$
(n = 5(1)...9, A_{max} = 0,044; 0,18; 1,25 dB)

		A_{max} = 0,044 dB		A_{max} = 0,18 dB		A_{max} = 1,25 dB	
n	ν	$\omega_{0\nu}$	Q_ν	$\omega_{0\nu}$	Q_ν	$\omega_{0\nu}$	Q_ν
5	1,2	1,5710	1,10333	1,3584	1,1639	1,0499	1,4982
	3	0,9362	0,5000	0,7453	0,5000	0,3828	0,5000
6	1,2	1,3747	1,4908	1,2010	1,6873	1,0217	2,2674
	3	0,8141	0,5809	0,6315	0,6210	0,4292	0,7924
7	1,2	1,3735	2,0135	1,1310	2,3200	1,0115	3,1835
	3	0,7880	0,7846	0,6761	0,9105	0,5570	1,3731
	4	0,5608	0,5000	0,4112	0,5000	0,2218	0,5000
8	1,2	1,1728	2,6247	1,0930	3,0571	1,0069	4,2436
	3	0,8099	1,0685	0,7348	1,2957	0,6545	2,0776
	4	0,5152	0,5724	0,4093	0,6139	0,2875	0,7877
9	1,2	1,1297	3,3220	1,0699	3,8959	1,0045	5,4466
	3	0,8380	1,4122	0,7836	1,7507	0,7246	2,8818
	4	0,5546	0,7566	0,4836	0,8839	0,4075	1,3457
	5	0,3902	0,5000	0,2907	0,5000	0,1606	0,5000

Tafel 2.3

$\omega_{0\nu}$- und Q_ν-Daten für TP $C_{M(2)}$ $(n = 5(1)\cdots 9,\ A_{max} = 0{,}18$ dB, $\Theta = 30°; 45°; 60°; 70°; 80°)$

		$\Theta = 30° \triangleq \omega_k = 2{,}0000$		$\Theta = 45° \triangleq \omega_k = 1{,}4142$		$\Theta = 60° \triangleq \omega_k = 1{,}1547$		$\Theta = 70° \triangleq \omega_k = 1{,}0642$	
n	ν, μ	$\omega_{0\nu,\mu}$	Q_ν	$\omega_{0\nu,\mu}$	Q_ν	$\omega_{0\nu,\mu}$	Q_ν	$\omega_{0\nu,\mu}$	Q_ν
5	$\nu = 1{,}2$	1,33656	1,4699	1,28998	2,1682	[illegible],19343	4,8246	1,10887	11,8753
	3	0,83489	0,5000	0,98814	0,5000	[illegible],35145	0,5000	1,87012	0,5000
	$\mu = 1$	2,08412	A_{min}	1,46165	A_{min}	[illegible],18733	A_{min}	1,09086	A_{min}
	2	3,15347	42,9960 dB	2,00932	24,1141 dB	[illegible],41224	10,2170 dB	1,18081	4,18677 dB
6	$\nu = 1{,}2$	1,18547	2,0287	1,16227	2,7149	1,12088	4,9153	1,07928	10,9303
	3	0,67958	0,6331	0,74988	0,6522	0,87481	0,6890	1,01037	0,7285
	$\mu = 1$	2,06208	A_{min}	1,44721	A_{min}	1,17295	A_{min}	1,07585	A_{min}
	2	2,77929	62,3539 dB	1,83484	39,3645 dB	1,36164	21,23396dB	1,17189	10,8424 dB
7	$\nu = 1{,}2$	1,11791	2,7810	1,09981	3,6623	1,07151	6,1852	1,04704	11,7842
	3	0,71593	0,9553	0,77181	1,0307	0,86259	1,2061	0,94558	1,4948
	4	0,44705	0,5000	0,50247	0,5000	0,61291	0,5000	0,75865	0,5000
	$\mu = 1$	2,04255	A_{min}	1,43689	A_{min}	1,16615	A_{min}	1,06989	A_{min}
	2	2,46710	84,1845 dB	1,66898	57,5402 dB	1,28499	36,7909 dB	1,13837	24,5137 dB
	3	4,26192		2,71728		1,39937		1,53506	

Tafel 2.3 (Fortsetzung)

		$\Theta = 45° \triangleq \omega_k = 1{,}4142$		$\Theta = 60° \triangleq \omega_k = 1{,}1547$		$\Theta = 70° \triangleq \omega_k = 1{,}0642$		$\Theta = 80° \triangleq \omega_k = 1{,}0154$	
n	ν, μ	$\omega_{00\nu,\mu}$	Q_ν	$\omega_{0\nu,\mu}$	Q_ν	$\omega_{0\nu,\mu}$	Q_ν	$\omega_{0\nu,\mu}$	Q_ν
8	$\nu = 1{,}2$	1,07056	4,6325	1,05120	7,4411	1,03452	13,2841	1,01467	45,0170
	3	0,80775	1,5264	0,87240	1,8425	0,92932	2,3262	0,99534	3,9557
	4	0,48469	0,6264	0,56633	0,6411	0,65900	0,6597	0,83521	0,6995
	$\mu = 1$	1,43245		1,16393		1,06870		1,01722	
	2	1,61233	A_{min} 71,4547 dB	1,25802	A_{min} 47,5595 dB	1,12449	A_{min} 33,1481 dB	1,03561	A_{min} 17,4895 dB
	3	2,29919		1,66057		1,38234		1,16074	
9	$\nu = 1{,}2$	1,05159	5,8915	1,03672	9,2973	1,02418	16,1811	1,01030	49,9968
	3	0,84535	2,1591	0,89633	2,7366	0,93913	3,6811	0,98400	6,7836
	4	0,56260	0,9386	0,64348	1,0079	0,73199	1,1097	0,87227	1,3874
	5	0,34920	0,5000	0,41499	0,5000	0,49761	0,5000	0,67213	0,5000
	$\mu = 1$	1,42826		1,16132		1,06769		1,01664	
	2	1,55916	A_{min} 87,8395 dB	1,23493	A_{min} 61,3203 dB	1,10875	A_{min} 44,8478 dB	1,02976	A_{min} 27,6848 dB
	3	1,96436		1,46929		1,25494		1,10474	
	4	3,46326		2,43123		1,94009		1,52999	

entspricht dem vorher Gesagten. (Willkürlich wurde bei $n =$ gerade der Fall mit einer 2fachen Übertragungsnullstelle bei $\omega = \infty$ zugrunde gelegt.) Näheres siehe Tafel II 2.8.

Für den praktischen Gebrauch sind in den Tafeln 2.2 und 2.3 $\omega_{0\nu,\mu}$- und Q_ν-Daten tabelliert. Aufgrund von Vorgaben betr. A_{max}, ω_k und A_{min} können daraus sofort zulässige Übertragungsfaktoren hingeschrieben werden.

Beispiel 2.2

Vertraut werden mit der gütereduzierten T_1- Approximation ($T_{1M(2)}$)

Gegeben: TP-Toleranzfeld, wie in Abb. 2.2. skizziert

Gesucht: T_1- und $T_{1M(2)}$ Approximationen, welche die Vorschrift erfüllen.

Lösung: T_1-Variante.

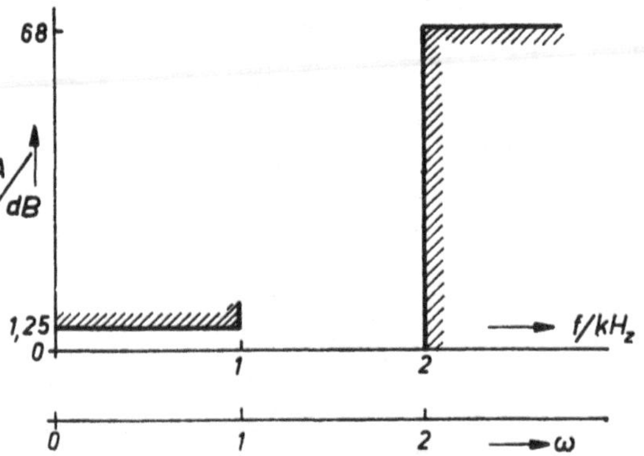

Abb. 2.2 Filtervorschrift (mit zusätzlich eingetragener normierter Skala)

Aus dem Nomogramm (Tafel II 2.4) lesen wir ab: $n = 7$. (Der Übergang zu normierten Werten ist problemlos, wenn $\omega_B = 2\pi \times 10^3$ Hz gewählt wird. Die dann gültige normierte ω-Skala ist zusätzlich in die Abb. 2.2 eingetragen.)

Dazu gehören nach Tafel I 2.5 die Daten

ν	→ Polfrequenzen ← normiert	tatsächlich (in Hz)	Polgüten
1	0,9931	993,1	11,7915
2	0,8044	804,4	3,4087
3	0,4734	473,4	1,3881
4	0,1892	189,2	0,5000

d. h., die maximale Polgüte beträgt $Q_{\max} = 11,8$.

Mit diesen Werten kann sowohl der PN-Plan skizziert als auch die zulässige Übertragungsfunktion gemäß (2.2) und (2.2a) aufgestellt werden. In normierter Form würde gelten

$$T(p) = \frac{K}{(p + 0,1892)\left(p^2 + \frac{0,4734}{1,3881}\, p + 0,4734^2\right)\left(p^2 + \frac{0,8044}{3,4087}\, p + 0,8044^2\right)} \times \frac{1}{\left(p^2 + \frac{0,9931}{11,7915}\, p + 0,9931^2\right)}.$$

$T_{1M(2)}$-Variante:
Da T_1 $n = 7$ hinsichtlich der Selektion $T_{1M(2)}$ n = 8 entspricht, (eine Nachrechnung zeigt, daß für

$$A(\omega = 2) = 69,2\ \text{dB} \quad \text{bei} \quad \text{TP } T_1\ n = 7\ A_{\max} = 1,25\ \text{dB}$$

und für

$$A(\omega = 2) = 71,2\ \text{dB} \quad \text{bei} \quad \text{TP } T_{1M(2)}\ n = 8\ A_{\max} = 1,25\ \text{dB}$$

gilt) entnehmen wir der Tafel 2.2 die Daten

ν	→ Polfrequenzen ← normiert	tatsächlich (in Hz)	Polgüten
1,2	1,0069	1006,9	4,2436
3	0,6545	654,5	2,0776
4	0,2875	287,5	0,7877

d. h., die maximale Polgüte beträgt *nur* $Q_{\max} = 4,24$.

Entsprechend gilt für die zulässige Übertragungsfunktion gemäß (2.2) in normierter Form

$$T(p) = \frac{K}{\left(p^2 + \frac{1{,}0069}{4{,}2436}\,p + 1{,}0069^2\right)^2}$$

$$\times \frac{1}{\left(p^2 + \frac{0{,}6545}{2{,}0776}\,p + 0{,}6545^2\right)\left(p^2 + \frac{0{,}2875}{0{,}7877}\,p + 0{,}2875^2\right)}.$$

Das Zahlenbeispiel demonstriert evident den Vorteil, wenn es auf kleine Polgüten ankommt.

Beispiel 2.3

Kennenlernen der gütereduzierten C-Approximation ($C_{M(2)}$)

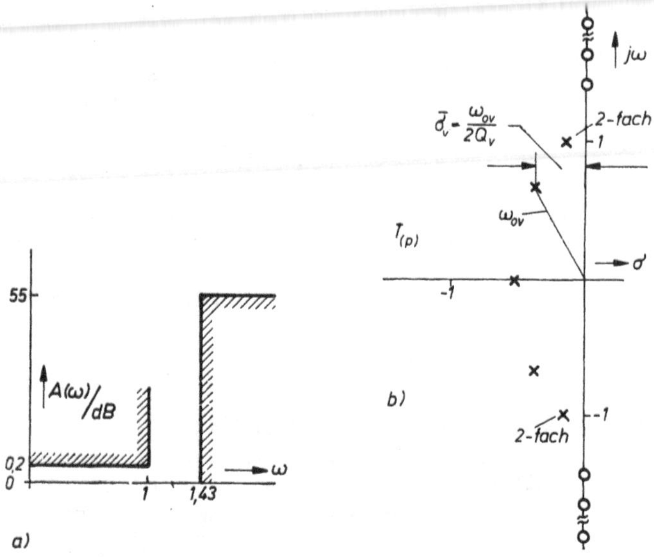

Abb. 2.3 Dämpfungsvorschrift

a) Toleranzfeld

b) PN-Plan der realisierenden Approximation

TP $C_{M(2)}$ $n = 7$ $A_{max} = 0{,}18$ dB $\Theta = 45°$

Gegeben: Dämpfungsvorschrift, wie in Abb. 2.3a skizziert.

Gesucht:

1. Potentielle T_1-, $T_{1M(2)}$- und $C_{M(2)}$-Approximationen, die die Vorschrift befriedigen (Variantenvergleich),
2. PN-Plan und zulässige $C_{M(2)}$-Übertragungsfunktion.

Lösung:

Zu 1. Aus dem Nomogramm (Tafel II 2.4) lesen wir ab im T_1-Fall: $n = 10$. Nach den Erkenntnissen in Beispiel 2.2 würde das im $T_{1M(2)}$-Fall $n = 11$ erfordern. (Mit Hilfe von [F 5] kann der Leser diese Aussage leicht zahlenmäßig bestätigen.) Zum anderen erfüllt nach Tafel 2.3 im $C_{M(2)}$-Fall $n = 7$ die Vorschrift. Für die zugehörigen maximalen Güten gilt nach (2.3d), [F 5] und Tafel 2.3 bei $A_{max} = 0{,}18$ dB

Art	T_1 $n = 10$	$T_{1M(2)}$ $n = 11$	$C_{M(2)}$ $n = 7$
Q_{max}	14,0	5,88	3,66

d. h., wenn Aufwand — ein Maß dafür ist der Grad n — und notwendiges Q_{max} gleichzeitig minimal ausfallen sollen, empfiehlt sich als Bestlösung im Beispielfall die Approximation

$$\text{TP } C_{M(2)} \quad n = 7 \quad A_{max} = 0{,}18 \text{ dB}, \; \Theta = 45°.$$

Zu 2. Aus Tafel 2.3 lesen wir ab

ν	$\omega_{0\nu}$	Q_ν	μ	$\omega_{0\mu}$
1,2	1,09981	3,6623	1	1,43690
3	0,77181	1,0307	2	1,66899
4	0,50247	0,5000	3	2,71728

Durch Umstellung von (2.3) finden wir sofort die verlangten Daten

$$\bar{\sigma}_\nu = \frac{\omega_{0\nu}}{2Q_\nu} \quad \text{und} \quad \omega_\nu = \sqrt{\omega_{0\nu}^2 - \bar{\sigma}_\nu^2}. \tag{2.10}$$

Dazu gehört ein PN-Plan, wie in Abb. 2.3b skizziert, und die Übertragungsfunktion heißt

$$T(p) = \frac{K(p^2 + 1{,}43690^2)\,(p^2 + 1{,}66899^2)\,(p^2 + 2{,}71728^2)}{(p + 0{,}50247)\left(p^2 + \frac{0{,}77181}{1{,}0307}\,p + 0{,}77181^2\right)\left(p^2 + \frac{1{,}09981}{3{,}6623}\,p + 1{,}09981\right)^2}$$

Frequenztransformationen

Wie bekannt (Band II, Abschnitt 4.1.), können durch Reaktanztransformationen aus TP-Funktionen rationell Übertragungsfunktionen mit anderen Frequenzaufteilungen (z. B. HP = Hochpaß, BP = Bandpaß, BS = Bandsperre) hergeleitet werden. Gesetzmäßig gelten mit $p \to p_n$ im erzeugenden TP-Fall die Substitutionen

Art	HP	BP	BS
p_n ersetzen durch	$\frac{\omega_0}{p}$	$\frac{1}{\delta_{\mathrm{BP}}}\left(\frac{p}{\omega_0} + \frac{\omega_0}{p}\right)$	$\left[\frac{1}{\delta_{\mathrm{BS}}}\left(\frac{p}{\omega_0} + \frac{\omega_0}{p}\right)\right]^{-1}$
Nebenbedingungen	–	$\delta_{\mathrm{BP}} = \frac{\omega_1 - \omega_{-1}}{\omega_0}$, $\omega_0 = \sqrt{\omega_{-1}\omega_1}$, $\delta_{\mathrm{BS}} = \frac{\omega_1 - \omega_{-1}}{\omega_0}$	

(2.11)

(2.6) gilt sowohl für einzelne $p_{n\nu}$ (Pole oder Nullstellen) als auch für beliebige Netzwerkfunktionen.

Die HP-Transformation ist nur eine frequenzreziproke Betrachtung, bei der insbesondere die Polgütewerte erhalten bleiben. Die BP- und BS-Transformation ist eine geometrisch-symmetrische Frequenzaufteilung, die mit einer Verdopplung des Grades (verglichen mit dem „erzeugenden" TP-Fall) verbunden ist. Grundsätzlich treten in diesen Fällen Pol*paare* mit jeweils gleichgroßen Polgüten auf.

Die Polgüten der „transformierten“ Übertragungsfunktionen hängen entscheidend von der

$$\text{relativen Bandbreite} \quad \delta_{BP} = \frac{\omega_1 - \omega_{-1}}{\omega_0} \tag{2.12}$$

ab. Formelmäßig gilt z. B. für die BP-PN-Daten

$$p_{\nu 1,2} = \frac{\delta_{BP}\omega_0 p_{n\nu}}{2} \pm j\omega_0 \sqrt{1 - \left(\frac{\delta_{BP}}{2} p_{n\nu}\right)^2} \tag{2.13}$$

mit der zusätzlichen Eigenschaft $p_{\nu 1} \cdot p_{\nu 2} = \omega_0^2$.
Abb. 2.4. zeigt anschaulich die TP-BP-Transformation für einen ausgewählten PN-Plan.

Im Schmalbandfall (d. h. $\delta_{BP} \leqq 0{,}1$) vereinfacht sich (2.13) zu

$$p_{\nu 1,2} = \frac{\delta_{BP}\omega_0 p_{n\nu}}{2} \pm j\omega_0, \tag{2.13a}$$

was — geometrisch gesehen — einen BP-PN-Plan zur Folge hat, der aus einem mit dem Maßstabsfaktor $\frac{\delta_{BP}\omega_0}{2}$ versehenen TP-PN-Plan bei gleichzeitiger Translation um $\pm j\omega_0$ einprägsam herleitbar ist. (Zusätzlich sind Nullstellen im Nullpunkt wirksam, deren Anzahl mit den TP-Nullstellen im Unendlichen übereinstimmen. Einzelheiten dazu s. nachfolgendes Beispiel 2.4).

Unter diesen Umständen gilt allgemein der einfache Zusammenhang

$$Q_{BP\nu} \approx \frac{2}{\omega_{0\nu}} \frac{Q_\nu}{\delta_{BP}}, \tag{2.13b}$$

d. h., die Bandpaßpolgüten $Q_{BP\nu}$ sind proportional Q_ν und umgekehrt proportional zu δ_{BP}. Oder anders ausgedrückt: Bei Schmalbandsystemen sind i. a. beträchtliche Polgüten zu realisieren.

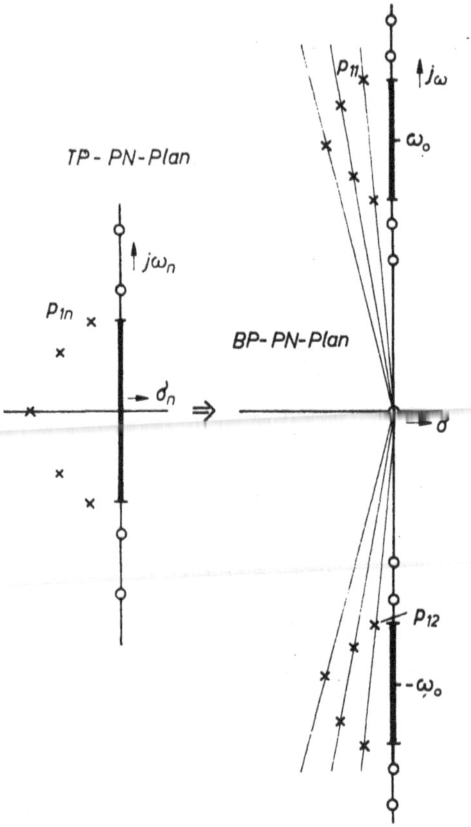

Abb. 2.4 Allgemeine Veranschaulichung der TP-BP-Transformation

Beispiel 2.4

Kennenlernen des PN-Planes eines gütereduzierten schmalbandigen Netzwerkes, das durch TP-BP-Transformation entstanden ist.

Gegeben: Tiefpaß-$\omega_{0\nu}$- und Q_ν-Daten von TP $T_{1M(2)}$ $n = 5$, $A_{max} = 1{,}25$ dB.

Gesucht: Schmalband-PN-Plan bei $\delta_{BP} = 0{,}1$ (allgemein und zahlenmäßig).

Lösung:

Zahlenmäßig gehören zur vorgenannten Approximation nach Tafel 2.2 die Werte

ν	$\omega_{0\nu}$	Q_ν	$\bar{\sigma}_{n\nu}$	$\omega_{n\nu}$
1,2	1,0499	1,4982	0,3504	0,9897
3	0,3828	0,5000	0,3828	0,0000

Die nicht tabellierten $\bar{\sigma}_{n\nu}$ und $\omega_{n\nu}$ finden wir mit den Bestimmungsgleichungen (2.10). Da (2.13a) gültig ist, errechnen wir

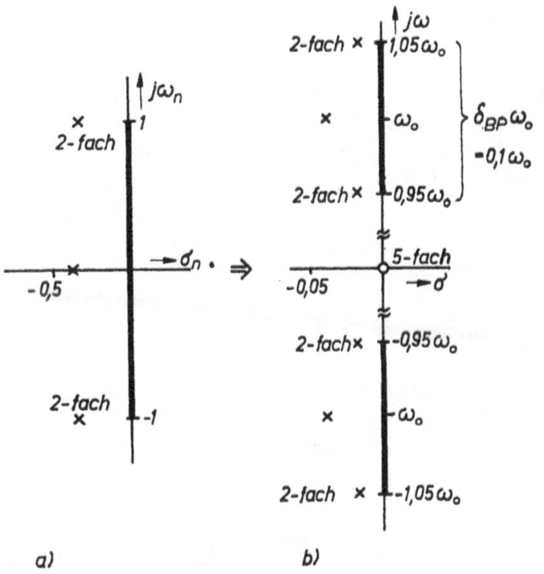

Abb. 2.5 Erläuterung der TP-BP-Transformation an einem Zahlenbeispiel im Schmalbandfall

a) Gütereduzierter TP-PN-Plan

b) Zugehöriger BP-PN-Plan bei $\delta_{BP} = 0{,}1$

weiter

$$p_{\nu 1,2} \approx -\frac{\delta_{\mathrm{BP}}}{2}\,\omega_0 \bar{\sigma}_{n\nu} \pm j\omega_0 \left(1 + \frac{\delta_{\mathrm{BP}}}{2}\,\omega_{n\nu}\right)$$

und eingesetzt ($\delta_{\mathrm{BP}} = 0{,}1$) entsteht die Zuordnung

TP-Pole	BP-Pole (ω_0 als Parameter)
$-0{,}3504 + j\,0{,}9897$	$-0{,}01752\omega_0 + j\,1{,}0495\omega_0$ $-0{,}01752\omega_0 - j\,0{,}9505\omega_0$
$-0{,}3504 - j\,0{,}9897$	$-0{,}01752\omega_0 + j\,0{,}9505\omega_0$ $-0{,}01752\omega_0 - j\,1{,}0495\omega_0$
$-0{,}3828$	$-0{,}01914\omega_0 + j\omega_0$ $-0{,}01914\omega_0 - j\omega_0$

Abb. 2.5a zeigt den TP-PN-Plan. Jedem TP-Pol ist nach (2.13a) ein (nicht konjugiert komplexes) Polpaar zugeordnet. In Abb. 2.5b ist der BP-PN-Plan gezeichnet. Die Verwandtschaft beider Darstellungen ist offenbar.

2.3. *Realisierungen*

2.3.1. *Einführung*

Die Realisierungsaufgabe besteht allgemein darin, eine vorgegebene zulässige (im Regelfall höhergradige) Übertragungsfunktion der Art

$$T(p) = \frac{\sum\limits_{\mu=0}^{m} a_\mu p^\mu}{\sum\limits_{\nu=1}^{n} b_\nu p^\nu} \tag{2.14a}$$

die gleichwertig auch in Linearfaktordarstellung (z. B.

herrührend von einem PN-Plan

$$T(p) = K \frac{\prod_{\mu=1}^{m} (p - p_{0\mu})}{\prod_{\nu=1}^{n} (p - p_{x\nu})} \tag{2.14b}$$

vorliegen kann, durch eine „toleranzfeste“ und wirtschaftliche *RC*-aktive Schaltung zu verwirklichen. $T(p)$ repräsentiert entweder

- ein Leistungsverhältnis (Betriebsübertragungsfunktion) oder
- ein Spannungsverhältnis (Spannungsübertragungsfunktion).

Dafür gibt es zwei grundsätzliche Lösungsansätze. Entweder wir gehen von *RC*-aktiven Teilschaltungen (später auch als Funktionsblöcke bezeichnet, die vorzugsweise einen Nennergrad zwei haben) aus, die nur in der „Vorwärtsrichtung“ übertragen und deshalb eine *rückwirkungsfreie Kettenschaltung* solcher Subnetzwerke ermöglichen.

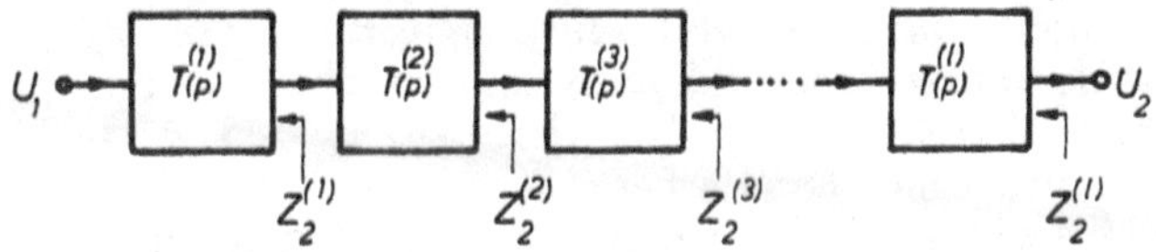

Abb. 2.6 Aufbauprinzip der Kaskadenrealisierung

In diesem Falle sprechen wir von der *Kaskadenrealisierung* oder von einer entkoppelten Realisierung (Abb. 2.6). Zur eigentlichen Realisierung ist $T(p)$ geeignet gemäß

$$T(p) = \prod_{\lambda=1}^{l} T^{(\lambda)}(p) \tag{2.15}$$

zu zerlegen. Die optimale Dekomposition ist ein von i. a. zahlreichen Aspekten abhängiges Problem. Allgemein können die vorgegebenen Nullstellen und Pole von $T(p)$ natürlich beliebig auf die Einzelübertragungsfaktoren verteilt werden. Um aber z. B. eine möglichst kleine Spannungserhöhung bei den eingesetzten Verstärkern hervorzurufen, ist es generell sinnvoll, benachbarte Nullstellen und Pole bei den $T(p)$ zu verwenden. Zusätzlich ist es zweckmäßig, wegen der Aussteuerbarkeit Teilschaltungen mit kleinen Polgüten an den Anfang der Kaskade anzuordnen.

Abgesehen von der (u. U. durch Zuschalten eines passiven Elementar-*RC*-Gliedes erzielbaren) Teilfunktion ersten Grades, sind quadratische Formen der Art

$$T(p) = \frac{a_0 + a_1 p + a_2 p^2}{b_0 + b_1 p + p^2} = \frac{K(p - p_{01})(p - p_{02})}{(p - p_{x1})(p - p_{x2})} \tag{2.16}$$

typisch. (Ohne Verlust an Allgemeingültigkeit kann — wie in (2.16) auch geschehen — der Koeffizient von p^2 im Nenner gleich eins gesetzt werden, und wir haben dadurch eine direkte Übereinstimmung mit den Darstellungen in den vorangegangenen Abschnitten, z. B. 1.3.4. und 2. hergestellt.) Falls $a_2 > 0$ ist (also existiert), sprechen wir auch von einer *biquadratischen Form.* Polynomübertragungsfaktoren sind speziell dadurch gekennzeichnet, daß die Koeffizienten a_2 und a_1 nicht vorhanden sind. Existiert nur a_1, so entsteht eine Bandpaßcharakteristik mit Übertragungsnullstellen bei $p = 0$ und $p = \infty$. Die Pole und Nullstellen werden — auch meßtechnisch — durch die anschaulichen Kennwerte „Frequenz" (gemeint ist die Polfrequenz bzw. die Nullstellenfrequenz) und „Güte" (gemeint ist die Polgüte bzw. die Nullstellengüte) praktisch erfaßt. Da es sich um vergleichsweise einfache Ausdrücke handelt und durch die Analyse bekannt ist, wie diese Kennwerte mit den Schaltelementen verknüpft sind (s. d. Tafel 1.13), gelingt meist schon durch einfachen Koeffizientenvergleich eine Bemessung. Daraus ist zusammenfassend ersichtlich, daß Kaskadenschaltungen einfach zu entwerfen und abzugleichen sind. Bei hohen Anforderungen bezüglich der Toleranz- und Rauscheigenschaften ist ihre Leistungsfähigkeit allerdings begrenzt. Die zweite Möglichkeit ist ein Aufbau als gekoppelte Schaltung oder als *direkte Realisierung*. Diese Methode entspricht in der Grundidee dem Vorgehen bei der passiven Netzwerksynthese. Charakteristisch ist es auch, daß ein unmittelbarer Rückgriff auf das „optimale LC-Modell“ als *Bezugsnetzwerk* erfolgt. Solches Vorgehen stellt in Aussicht, daß damit ähnlich gute Resultate (wie im passiven Fall) erzielt werden. Darauf stützen sich insbesondere die *Realisierungen mit Übersetzerschaltungen* (als Sammelbegriff für Gyrator-C- bzw. Konverter-Schaltungen). Das Problem besteht hauptsächlich in dem „zuverlässigen und einfachen elektronischen Ersatz“ der Induktivitäten. Viele Jahre ist dazu ideenreiche Entwicklungsarbeit vollbracht worden (deshalb räumen wir dem Dualwandler „Gyrator“ einen bestimmten Platz ein). Zusätzliche Schwierigkeiten stellen sich ein, wenn „nichtgeerdete oder schwimmende“ Spulen zu ersetzen sind. Durch Einführung von Superelementen (s. d. Abschnitt 1.1.3.) konnte auch dieses Hindernis überwunden werden, und wir werden zeigen können, daß universell jede zulässige Netzwerkfunktion mit „geerdeten elektronischen Nachbildungen von L bzw. $C_{(2)}$“ realisiert werden kann.

Eine auch auf dem Bezugsnetzwerk basierende Methode ist das *Wellen*netzwerk [S 27].

Als getrennte Gruppe ist es üblich, *Realisierungen mit Mehrfachkopplungen* aufzuführen. Im Grunde sind es *mehrfachverkoppelte Kaskadenanordnungen* und als „Hybridform“ weisen sie zahlreiche Querverbindungen sowohl zur Kaskade als auch zum Bezugsnetzwerk auf. Während i. a. der Aufwand bei den Realisierungen mit Übersetzerschaltungen anspruchsvoll ist, können hiermit einfachere Aufbauten (u. U. vergleichbar mit der Kaskade) bei verbesserten Empfindlichkeits- und Rauscheigenschaften entworfen werden. Abgesehen von Sonderfällen, die der Betrachtungsweise beim Analogrechner entlehnt sind,

Tafel 2.4
RC-aktive Realisierungsvarianten im Überblick

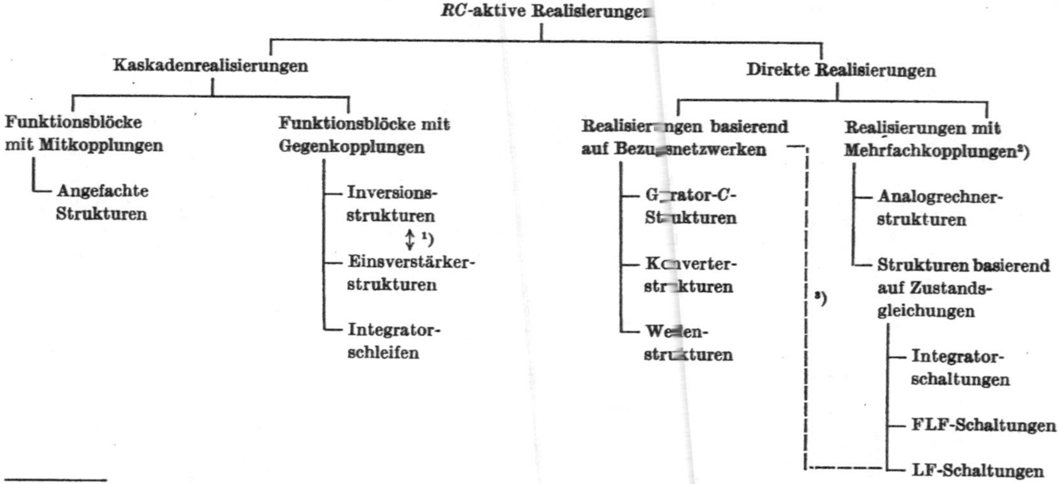

---

¹) Durch Komplementärtransformation wechselseitig überführbar
²) Allgemein als „verkoppelte" Kaskadenrealisierung (Hybridform) deutbar
³) - - - - bedeutet: Es bestehen Verknüpfungen

ist die *Beschreibung durch Zustandsgrößen* dafür ein angepaßtes mathematisches Hilfsmittel. Besondere Bedeutung haben die Ausführungen als

- *Follow-the-leader-feedback* (oder abgekürzt: FLF-) *Schaltung*, d. h. sämtliche Rückführungen gehen auf den Eingang zurück) und als
- *Leap-frog* (oder abgekürzt: LF-) *Schaltung* (d. h. jeweils zwei benachbarte Funktionsblöcke liegen in einer Richtungsschleife, was als „Bocksprung“-Anordnung gedeutet wird).

Im Überblick sind diese Varianten in Tafel 2.4 zusammengestellt, und wir werden sie, entsprechend ihrer Wichtigkeit, in den nächsten Abschnitten besprechen.

2.3.2. Kaskadenrealisierungen

Es ist eine häufig verwendete Methode für *RC*-aktive Realisierungen, da übersichtliche Berechnungen und einfacher Abgleich dieses Verfahren kennzeichnen.

Realisiert wird i. a. eine *Spannungsübertragungsfunktion*. Negativ reelle Pole werden durch kopplungsfreies Zuschalten passiver *RC*-Vierpole oder durch Verwenden von Teilschaltungen dritten Grades verwirklicht. Die Rückwirkungsfreiheit wird praktisch durch die Forderung: Betriebswiderstand rückwärts

$$Z_2^{(\lambda)} \to 0 \qquad (2.17)$$

garantiert.

Für Teilschaltungen zweiten Grades oder Funktionsblöcke können wir die Ergebnisse von Abschnitt 1.3.4. weitgehend nutzen. Durch Einfügen einer idealen Spannungsquelle entsteht eine gewollte Zählerfunktion, und die Verbindung zu einer realisierenden Schaltung für (2.16) ist hergestellt. Da praktisch erregende Quellen einseitig geerdet sind, werden wir diese Nebenforderung bei der Einspeisung als selbstverständlich berücksichtigen.

2.3.2.1. *Funktionsblöcke mit einem Verstärker*

2.3.2.1.1. *Prinzipielles*

Die Möglichkeiten, mit nur einem Verstärker und einem *RC*-Netzwerk 2. Grades ein komplexes Polpaar zu erzeugen, sind in Abb. 2.7 global und in Tafel 2.5 klassifiziert dargestellt. Im Allgemeinfall liegt die Rückkopplung eines unstabilisierten Verstärkers mit einem

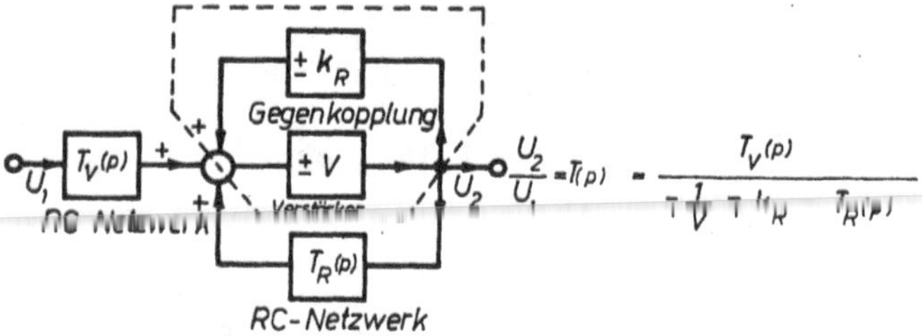

Abb. 2.7 Genereller Aufbau eines Funktionsblockes
(Bezeichnungen: V (unstabilisierte) Leerlaufverstärkung, k_R reelle Rückkopplungskonstante ($-1 \leqq k_R \leqq 1$), $T_V(p)$, $T_R(p)$ Leerlaufübertragungsfaktoren der *RC*-Netzwerke)

ohmschen Netzwerk (reelle Rückkopplungskonstante k_R) und einem *RC*-Netzwerk (frequenzabhängige Übertragungsfunktion T_R) vor. Die einzelnen Möglichkeiten unterscheiden sich im gewählten Vorzeichen der Leerlaufverstärkung V und dem Vorzeichen an der Eingangssummierstelle (gleichbedeutend mit dem Vorzeichen von k_R) für die reelle Rückkopplung. Sind V und k_R positiv, so ergibt sich eine Mitkopplungsschaltung, die für das folgende wegen des unstabilisierten Verstärkungsfaktors

siehe Tafel 2.5 →

[1]) Im Gegensatz zum Spannungsverteilerverhältnis k auf Tafel 1.11 behält k_R bei der Transformation seine Bedeutung als Rückkopplungsteilerverhältnis bei.

Tafel 2.5 **Prinzipien der Polerzeugung (Allgemeine Gesetze, Vorzugsformen sind eingerahmt)**

	$+V$ (nichtinvertierend)	$-V$ (invertierend)
$+k_R$	**Mitkopplungsschaltung** $T(p) = \dfrac{T_V(p)}{\dfrac{1}{V} - k_R - T_R(p)}$ stabil bei: $\dfrac{1}{V} > k_R + T_R(p)$ völlig ungeeignet für technische Anwendungen	**Gegenkopplungsschaltung (Inversionsschaltung)** $T(p) = \dfrac{T_V(p)}{-\dfrac{1}{V} - k_R - T_R(p)}$ $= \dfrac{-T_V(p)}{\dfrac{1}{V} + T_R'(p)}$ $T_R'(p) = k_R + T_R(p)$ Sonderfall: $k_R = 0$ $\boxed{T(p) = \dfrac{-T_V}{\dfrac{1}{V} + T_R(p)}}$ absolut stabil für $n < 3$
	Komplementärtransformation $T_R \rightleftarrows 1 - T_R$ $(k_R{}^1) \rightleftarrows 1 - k_R)$ gleiche polerzeugende Strukturen	
$-k^R$	**Angefachte Einsverstärker-schaltung** $T(p) = \dfrac{T_V(p)}{\dfrac{1}{V} + k_R - T_R(p)}$ stabil für $\dfrac{1}{V} + k_R > T_R(p)$ Sonderfall $k_R = 1$ $\boxed{T(p) = \dfrac{T_V(p)}{\dfrac{1}{V} + 1 - T_R(p)}}$ Gegenkopplungsschaltung Einsverstärkerschaltung absolut stabil für $n < 3$	**Angefachte Inversionsschaltung** $T(p) = \dfrac{T_V(p)}{-\dfrac{1}{V} + k_R - T_R(p)}$ $= \dfrac{-T_V(p)}{\left(\dfrac{1}{V} - k_R\right) + T_R(p)}$ stabil für $\dfrac{1}{V} + T_R > k_R$

und der damit verbundenen Schwingneigung ohne Bedeutung ist. Die Verstärkung kann durch ein ohmsches Gegenkopplungsnetzwerk stabilisiert werden. Das bedeutet, k_R ist negativ zu wählen, und bei geeigneten Werten wird Stabilität erreicht. Eine solche Schaltung wird als *bedingt stabil* bezeichnet, weil es k_R-Werte gibt, bei denen die Stabilitätsbedingung verletzt ist, d. h., die Schaltung kann bei ungeeigneter Wahl der als positiv angenommenen Schaltelemente des ohmschen Rückführungsnetzwerks zum Schwingen angefacht werden. Das ist mit Sicherheit auszuschließen, wenn $k_R = 1$ gewählt wird. Diesen wichtigen Spezialfall bezeichnen wir mit „*Einsverstärkerschaltung*", weil für $V \to \infty$ der gestrichelt umrahmte Block einen Verstärker mit der Verstärkung 1 darstellt. Das kann sehr genau erreicht werden, weil $k_R = 1$ eine Direktverbindung vom Ausgang zum Eingang bedeutet, ohne daß Schaltelemente beteiligt sein müssen. Die einfachste Form eines solchen Verstärkers ist die Kollektorstufe. Die Schaltung wird nunmehr *absolut stabil*, d. h. durch keine Schaltelementekombination (positiver Wertebereich) ist ein Schwingeinsatz möglich. Ein kontinuierlicher Übergang zum Allgemeinfall ist durch Minderung der Gegenkopplung ($k_R < 1$) der maximal gegengekoppelten Schaltung möglich, und wir wählen die Bezeichnung angefachte Einsverstärkerschaltung (d. h. die Polgüte wird angefacht, ein zur Realisierung steiler Selektionskurven wünschenswerter Effekt). Zugleich beinhaltet dieser Begriff aber auch die nachteilige Seite des Vorgangs, d. h. die Gefahr der Schwingungserregung.

Wählen wir negatives V und negatives k_R, so erhalten wir absolut stabile Schaltungen mit guten Eigenschaften. Die ohmsche Rückkopplung und die *RC*-Rückführung arbeiten auf dem gleichen Verstärkereingang. Sie können daher als Parallelschaltung mit der Übertragungsfunktion $T_R(p)$ aufgefaßt werden. Somit sollen Netzwerke mit zusätzlichem ohmschen Gegenkopplungsspannungsteiler nicht als gesonderte Gruppe behandelt werden.

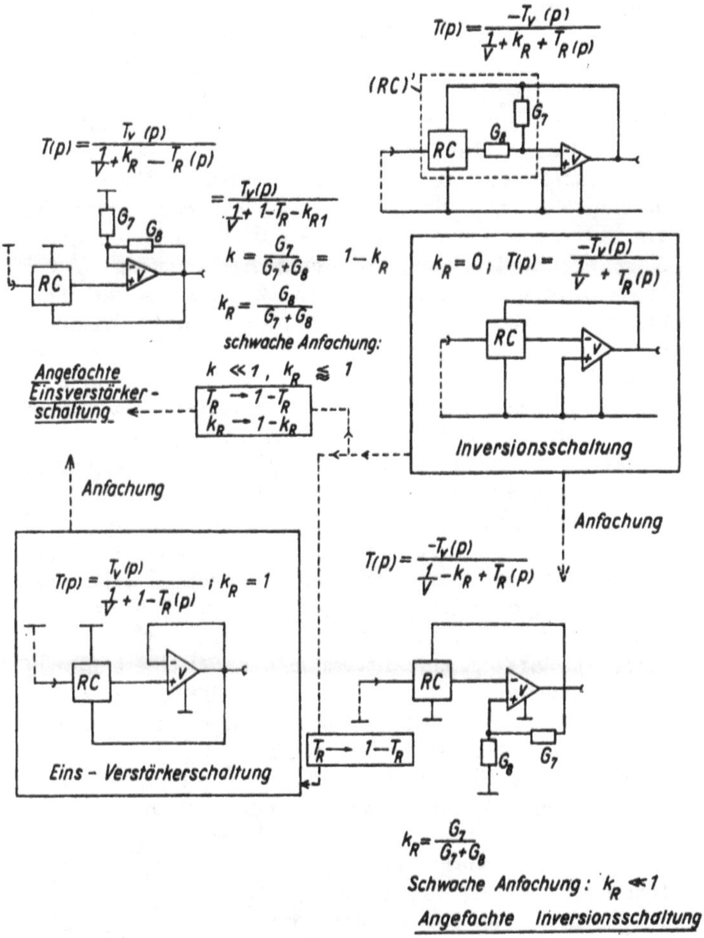
T(p) = -T_V(p) / (1/V + k_R + T_R(p))
(RC)'
G_7
G_8
RC
V
T(p) = T_V(p) / (1/V + k_R − T_R(p))
= T_V(p) / (1/V + 1−T_R−k_R1)
k = G_7/(G_7+G_8) = 1− k_R
k_R = G_8/(G_7+G_8)
schwache Anfachung:
k ≪ 1, k_R ≦ 1
k_R = 0, T(p) = −T_V(p) / (1/V + T_R(p))
Angefachte Einsverstärker-schaltung
T_R → 1 − T_R
k_R → 1 − k_R
Inversionsschaltung
Anfachung
Anfachung
T(p) = T_V(p) / (1/V + 1−T_R(p)); k_R = 1
T(p) = −T_V(p) / (1/V − k_R + T_R(p))
T_R → 1—T_R
Eins - Verstärkerschaltung
k_R = G_7/(G_7+G_8)
Schwache Anfachung: k_R ≪ 1
Angefachte Inversionsschaltung

Tafel 2.6

Der treffend mit *Inversionsschaltung* bezeichnete Spezialfall $k_R = 0$ bildet somit den allgemeineren Kern dieser Gegenkopplungsschaltungen. Für V gegen ∞ wird $T(p)$ gleich der inversen Übertragungsfunktion des Rückführungsnetzwerkes. Die Inversionsschaltungen bilden den Ausgangspunkt der Theorie aktiver RC-Funktionsblöcke und sollen deshalb am Anfang der folgenden Betrachtungen stehen.

In Tafel 2.6 sind technisch bedeutsame Formen mit beschalteten OV dargestellt, die auf den Prinzipien von Tafel 2.5 basieren. Da wir nur die polerzeugenden Netzwerke betrachten, ist der Schaltungseingang wie angedeutet geerdet. Das Feld Mitkopplungsschaltungen bleibt frei, da keine technisch interessanten Lösungen möglich sind. Oben rechts ist die Gegenkopplungsschaltung dargestellt mit der zentralen Rolle der Inversionsschaltung. Durch *Komplementärtransformation* erhält man die Einsverstärkerschaltung [F 12].

Passive RC-Netzwerke mit komplexen und imaginären Übertragungsnullstellen (s. d. Bd. II).

Es ist bekannt, daß passive RC-Netzwerke grundsätzlich keine komplexen Übertragungspole realisieren können. Wohl aber erzeugen RC-Doppel-T-Brücken exakte imaginäre Übertragungsnullstellen. Da wie zuvor besprochen, ein RC-Netzwerk im Rückkopplungszweig eines Verstärkers, eine Inversion der RC-Übertragungsfunktion zur Folge hat, ist somit ein geeignetes Verfahren zur Erzeugung komplexer Übertragungspole gegeben.

Damit ergeben sich die in Tafel 2.7 dargestellten Möglichkeiten für Schaltungen mit Übertragungsfunktionen 2. und 3. Grades zur Erzeugung komplexer und imaginärer Nullstellen. Diese Tafel zeigt spezielle RC-Varianten mit durchgehender Erde. Von besonderem Interesse sind die eingerahmten überbrückten T-Schaltungen 2. Grades für die Erzeugung von Übertragungspolen und die abgeglichene Doppel-T-Brücke für Realisierungen exakter Sperrstellen.

Die überbrückten T-Schaltungen mit zwei Kapazitäten

Tafel 2.7

Spezielle *RC*-Strukturen mit komplexen (als Sonderfall auch imaginären) Übertragungsnullstellen und durchgehender Erde

1. Nullfilter 2. Grades (komplexe Nullstellen)

durch Parallelschaltung von Vierpolen

zweiter und nullter Ordnung

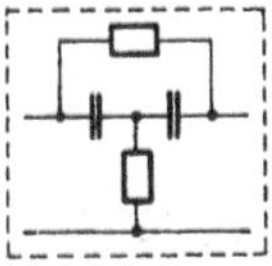

1a

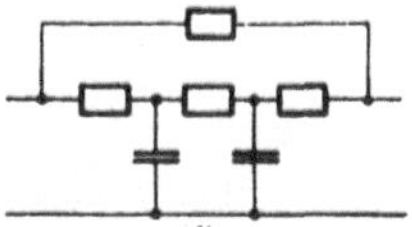

1b

erster und erster Ordnung

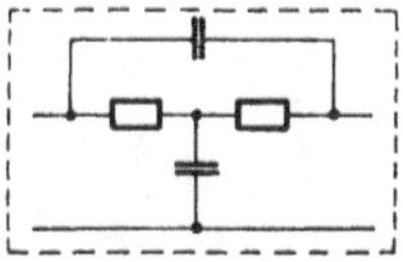

1c

2. Nullfilter 3. Grades

durch Parallelschaltung von Vierpolen

zweiter und erster Ordnung

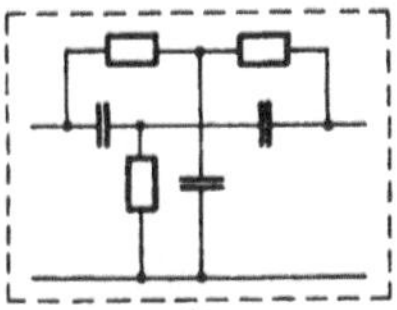

2a

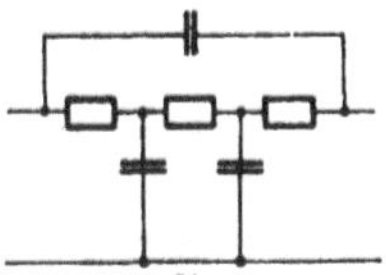

2b

dritter und nullter Ordnung

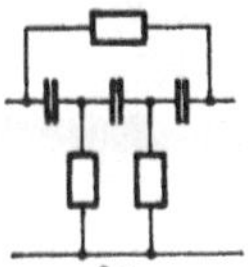

2c

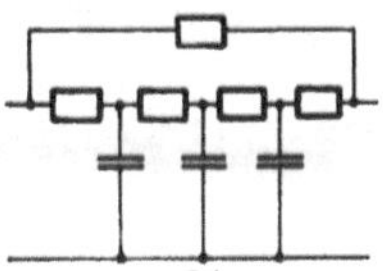

2d

Nullfilter 3. Grades

durch Serienschaltung von Vierpolen

zweiter und erster Ordnung

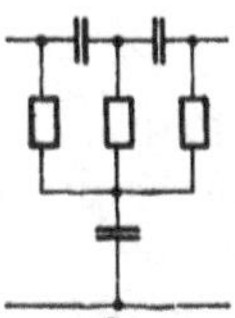

2e

dritter und nullter Ordnung

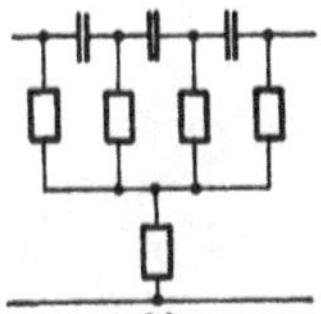

2f

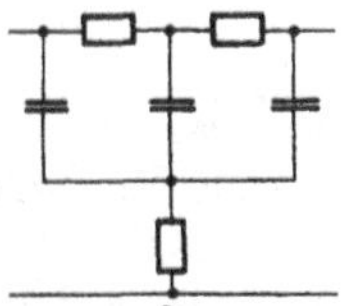

2g

bilden den Kern absolut stabiler aktiver RC-Funktionsblöcke. Abb. 2.8 zeigt die beiden möglichen Formen mit der symmetrischen Standarddimensionierung. Besonders einfach wird die Darstellung, wenn die beiden Längselemente = 1 gewählt werden (Bezugselemente der ent-

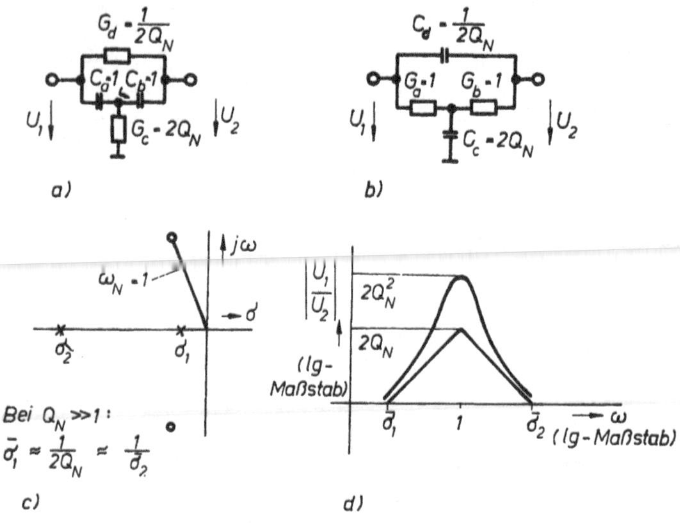

Abb. 2.8 Beispiele für einfachste RC-Nullfilter mit $\omega_N = 1$

a) mit zwei Längskapazitäten

$$T(p) = \frac{p^2 + 2G_d p + G_c G_d}{p^2 + (G_c + 2G_d)\,p + G_c G_d}$$

b) mit zwei Längsleitwerten (oder RC-dual zu a))

$$T(p) = \frac{p^2 C_c C_d + 2C_d p + 1}{p^2 C_c C_d + (C_c + 2C_d)\,p + 1}$$

normierten Darstellung). Sie sind zueinander (RC-) dual. Durch Einsetzen der ohmschen Leitwerte und Kapazitäten in die allgemeine Übertragungsfunktion erhalten wir in beiden Fällen bei der angegebenen Bemessung die gleiche

Übertragungsfunktion (Leerlaufspannungsübersetzung):

$$\frac{U_2}{U_1} = T_R(p) = \frac{b_2'p^2 + b_1'p + b_0'}{\beta_2 p^2 + \beta_1 p + \beta_0} = \frac{p^2 + \frac{1}{Q_N} p + 1}{p^2 + \left(2Q_N + \frac{1}{Q_N}\right) p + 1} \tag{2.18}$$

mit den Zähler-Nullstellen:

$$p_{N1/2} = \frac{1}{2Q_N} \pm \sqrt{\left(\frac{1}{2Q_N}\right)^2 - 1}. \tag{2.19a}$$

Diese sind komplex, wenn $4Q_N^2 > 1$ gewählt wird. Es wurde so normiert, daß $p_N = 1$ ist. Q_N bezeichnen wir mit Nullstellengüte. Die reellen Pole sind:

$$p_{1/2} = Q_N + \frac{1}{2Q_N} \pm \sqrt{\left(Q_N + \frac{1}{2Q_N}\right)^2 - 1}. \tag{2.19b}$$

Für $Q_N^2 \gg 1$ gilt näherungsweise:

$$\bar{\sigma}_1 \approx \frac{1}{2Q_N}, \quad \bar{\sigma}_2 \approx 2Q_N. \tag{2.20}$$

Für diesen Fall sind der PN-Plan und der Prinzipverlauf der Dämpfung in Abb. 2.9c und d skizziert.

Der Wert wäre bei $\omega_N = 1$: $\frac{1}{2Q_N}$, er wird aber durch die Sperrwirkung der Nullstellen auf den Wert $2Q_N^2$ erhöht. Die Asymptoten schneiden bei $\bar{\sigma}_1$ und $\bar{\sigma}_2$ die Frequenzachse. Die Frequenzen 0 und ∞ werden voll übertragen.

2.3.2.1.2. Inversionsschaltungen

Ausgehend vom Blockbild (Abb. 2.7) kommen wir zur strengen Inversionsschaltung durch Signaleinspeisung in den positiven Eingang eines Differenzverstärkers und Gegenkopplung über den *RC*-Vierpol nach Abb. 2.9.

Diese Schaltungsanordnung hat den Nachteil, daß die reellen Pole der Übertragungsfunktion $T_R(p)$ durch die strenge Inversion zu störenden reellen Nullstellen werden. Ihre technische Anwendung hat sich deshalb nicht durchgesetzt.

Erfolgt die Einspeisung über einen zusätzlichen Leitwert Y_0 in den mit *RC*-Nullfilter gegengekoppelten

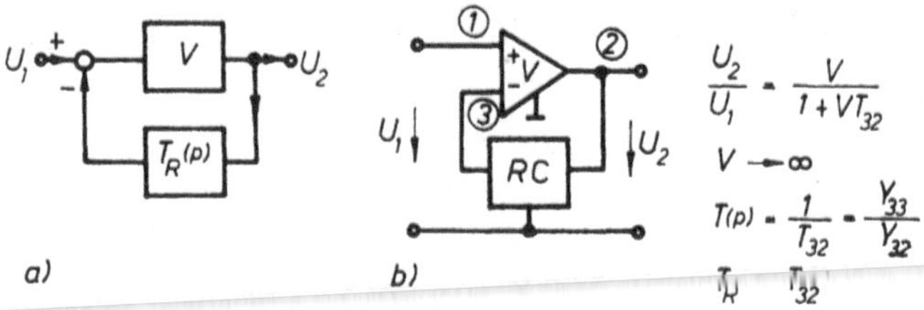

Abb. 2.9 Das Prinzip der „strengen" Inversion
a) als Blockbild
b) als Schaltung mit Differenzverstärker

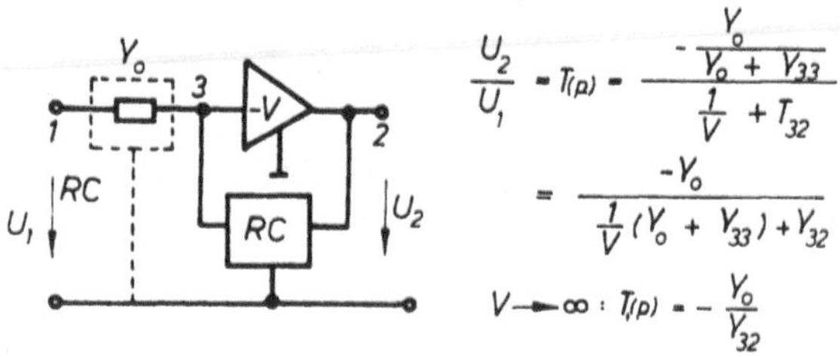

Abb. 2.10 Rückgekoppelter Verstärker mit Serienleitwert (oder allgemeiner: vorgeschaltetem *RC*-Netzwerk)

Verstärker nach Abb. 2.10, dann sind die Nullstellen gleich den Polen der Transferadmittanz Y_{32}.

Ersetzt man den Leitwert Y_0 durch einen vorgeschalteten *RC*-Vierpol, so ist seine Struktur so zu wählen, daß diese Nullstellen durch entsprechende Pole kompensiert werden. Dies erfordert zusätzlichen Schaltungsaufwand. Funktionsblöcke ohne störende reelle Nullstellen erhält man bei Signaleinspeisung in einem geeigneten inneren Knoten des RC-Netzwerkes. Damit liegen Schaltungen vor, die bereits im Analyseteil Tafel 1.8, unten, betrachtet wurden.

Ihre Übertragungsfunktionen sind Quotienten von Transferadmittanzen, deren Nenner sich für $V \to \infty$ herauskürzen. Da es bei der überbrückten T-Schaltung nur einen inneren Knoten gibt, liegt es nahe, das Eingangssignal über ein zusätzliches Schaltelement in diesen Punkt einzukoppeln.

Wir betrachten zunächst nur Schaltungen, die keine Nullstellen bei endlichen Frequenzen haben. Wir wollen sie in Anlehnung an die „Grundgliedketten" der LC-Filter als Grundglieder bezeichnen. Entsprechend der Verteilung der Nullstellen bei $\omega = 0$ und $\omega = \infty$ unterscheiden wir

Tiefpaßgrundglieder: 2fache Nullstelle bei $\omega = \infty$
Hochpaßgrundglieder: 2fache Nullstelle bei $\omega = 0$
Bandpaßgrundglieder: je eine Nullstelle bei $\omega = \infty$ und $\omega = 0$.

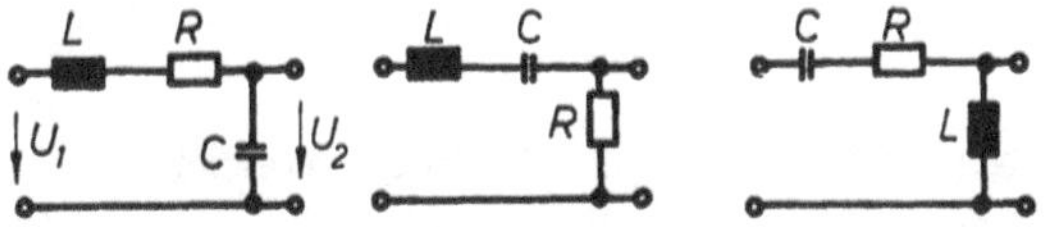

$$T_{TP}(p) = \frac{1}{1 + pRC + p^2LC} \qquad T_{BP}(p) = \frac{pRC}{1 + pRC + p^2LC} \qquad T_{HP}(p) = \frac{p^2LC}{1 + pRC + p^2LC}$$

Abb. 2.11 Passive Realisierungen für TP-, BP- und HP-Grundglieder

Der in LC-Filtern geübte Schaltungsentwickler denke sich einen bedämpften Reihenresonanzkreis, wie in Abb. 2.11 dargestellt, bei dem im Tiefpaßfall über der Kapazität, im Bandpaßfall über dem ohmschen Widerstand und im Hochpaßfall über der Induktivität abgegriffen wird. Es sei noch erwähnt, daß die genannten Abweichungen von der strengen Inversionsschaltung durch einen Übertragungsblock mit der Übertragungsfunktion $T_v(p)$ vor der Summierstelle nachgebildet werden können, wobei die Nenner von $T_r(p)$ und $T_v(p)$ gleich sind.

Beispiel 2.5

Vertrautwerden mit der Bemessung eines Inversions-TP

Gegeben: Struktur wie in Tafel 2.8, links, ferner Polgüte Q, Polfrequenz $\omega_0 = 1$ und Gleichspannungsverstärkung V_0.

Gesucht: RC-Anordnung mit TP-Verhalten und Bemessung der Struktur bei der vereinfachenden Annahme $V \to \infty$.

Lösung: Da der Zähler frequenzunabhängig sein muß, sind nach Tafel 2.8 $Y_s = G_s$, $Y_b = G_b$ zu wählen. Um ein wirksames Nullfilter zu erhalten, muß $Y_c = pC_0$ und $Y_d = pC_d$ gewählt werden. Die Übertragungsfunktion wird damit

$$T(p) = \frac{-G_s G_b}{(p^2 C_d C_c + pC_d(G_a + G_b + G_s) + G_a G_b)\left(\frac{1}{V} + 1\right) + G_b(G_s + pC_c)\frac{1}{V}}.$$

Für $V \to \infty$ soll gelten:

$$T(p) = \frac{-V_0}{p^2 + p\frac{1}{Q} + 1}.$$

Aus dem Nenner folgt durch Koeffizientenvergleich:

$$\frac{G_a G_b}{C_c C_d} = 1; \qquad Q = \frac{C_c}{G_a + G_b + G_s}.$$

Die Gleichspannungsübersetzung wird: $V_0 = \frac{G_s}{G_a}$.

Aus den drei Bestimmungsgleichungen sind vier Schaltelemente zu bestimmen. Durch ein weiteres Schaltelement wird das Impedanzniveau oder der Bezugswiderstand festgelegt. Wir wählen dazu: $G_b = 1$. G_a ist zunächst frei wählbar und wird bei symmetrischer Ausbildung der überbrückten T-Schaltung ebenfalls 1.

Damit werden die Dimensionierungsbeziehungen:

$$C_d = G_a G_b \frac{1}{C_c} = \frac{G_a}{C_c}, \qquad G_s = V_0,$$

$$C_c = Q(G_a + 1 + G_s) = Q(G_a + 1 + V_0).$$

Nach der Wahl von G_a kann nun C_c, G_s und C_d bestimmt werden. Die Schaltung ist vollständig dimensioniert.

Komplementärtransformation und Einsverstärker-Schaltungen

Durch die bereits mehrfach erwähnte Komplementärtransformation kann gezeigt werden, daß die polerzeugenden Strukturen bei der Inversionsschaltung und bei

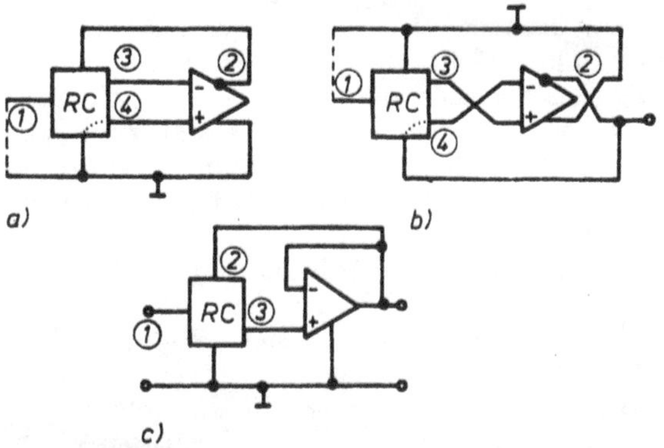

Abb. 2.12 Erläuterung der Komplementärtransformation

a) Schaltung mit Differenzverstärker (bei einer Vierpoldarstellung des Versärkers)
b) Vertauschen der Anschlußklemmen am Verstärkerein- und -ausgang
c) Spezialfall des *RC*-Netzwerkes mit durchgehender Erde (führt nach „Umzeichnung" zur Einsverstärkerschaltung)

der Einsverstärker-Schaltung völlig gleich sind. Nur durch die veränderte Signaleinspeisung ergeben sich abgewandelte Schaltungseigenschaften. In Abb. 2.12a wird die Transformation am allgemeinen Fall eines *RC*-Netzwerkes mit Differenzverstärker erläutert. Der Verstärker ist als Vierpol dargestellt, bei dem die Erde noch frei wählbar ist (Differenzeingang, Differenzausgang).

Der Schaltungseingang sei zunächst leerlaufend. Die Vorzeichen am Eingang beziehen sich auf den mit Punkt gekennzeichneten Ausgang. Abb. 2.12b zeigt die gleiche Schaltung mit vertauschten Anschlußklemmen sowohl am Eingang als auch am Ausgang.

Der Massebezugspunkt bleibt am nicht gekennzeichneten Ausgang — das ist für den unsymmetrischen Ausgang eines Operationsverstärkers wichtig — und ändert damit seine Lage zum RC-Netzwerk, was für das Eingangssignal von Bedeutung ist. Die Komplementärtransformation besteht also in der Verlagerung des Massebezugspunktes. Dies ist für die Polerzeugung bedeutungslos. Der Zwischenschritt in Abb. 2.12b kann bei symmetrisch angenommenem Verstärkerausgang übersprungen werden, denn der mit Minus gekennzeichnete Eingang ist nicht invertierend bezüglich des nicht gekennzeichneten Ausgangs.

In Abb. 2.12c wurde die Schaltung im Sonderfall durchgehende Erde des RC-Netzwerkes umgezeichnet. Dieser Sonderfall führt zu den absolut stabilen Einsverstärker-Schaltungen.

Für die Signaleinspeisung bringt die Komplementärtransformation wesentliche Änderungen durch den Wechsel des Schaltungsbezugspunktes. Die Eigenwerte des Zählers können sich z. B. ändern. Die Signalverstärkung kann z. B. bei Einsverstärker-Tiefpässen nicht größer als 1 werden. Da im allgemeinen Spannungseinspeisung für das Signal gewählt wird, ist bei der Komplementärtransformation der Eingang gegen Masse kurzzuschließen, wodurch eine zusätzliche Modifikation der polerzeugenden Struktur auftritt. Diese Änderungen machen es erforderlich, die Einsverstärker-Strukturen besonders zu betrachten.

Beispiel 2.6

Vertrautwerden mit der Bemessung eines Einsverstärker-TP

Gegeben: Struktur wie in Tafel 2.8, rechts, ferner Polgüte Q, Polfrequenz $\omega_0 = 1$.

Gesucht: RC-Anordnung mit TP-Verhalten und Bemessung der Struktur bei der vereinfachenden Annahme $V \to \infty$.

Lösung: Frequenzunabhängiger Zähler ist nur möglich, wenn die Leitwerte Y_s, Y_b ohmisch sind und Y_c, Y_d kapazitiv ausgebildet werden. Die Übertragungsfunktion wird:

$$T(p) = \frac{G_s G_b}{(G_s + G_a)\,G_b + pC_d(G_b + pC_c + G_s + G_a)\left(1 + \frac{1}{V}\right) - pC_c G_b \frac{1}{V}}.$$

$G_a + G_s$ treten im Nenner immer als Summe auf, $G_a = 0$ (redundant!).

Aus den Bedingungen: $\frac{C_d C_c}{G_s G_b} = 1$ und $Q = \frac{C_c}{G_b + G_s}$

folgt: $C_c = Q(G_b + G_s)$, $C_d = \frac{1}{C_c} G_s G_b$.

Aus der Übertragungsfunktion ist zu sehen, daß die Gleichspannungsübersetzung V_0 gleich 1 ist und von der Dimensionierung nicht beeinflußt wird. G_s und G_b sind willkürlich vorzugeben, es ist zweckmäßig, $G_s = G_b = 1$ zu wählen (Symmetrie).

Erläuterungen zu den Tafeln 2.8—2.10.
Inversions- und Einsverstärkerschaltungen
Allgemeines

Eine übersichtliche und einfache Bemessung ist für den Grenzfall $V \to \infty$ möglich (ideale Inversion). Die Leerlaufverstärkung V muß deshalb genügend groß gewählt werden. Damit wird gleichzeitig eine kleine Empfindlichkeit $S_V^{|T|}$ erreicht, da die Leerlaufverstärkung V meist stark von der Temperatur und Betriebsspannung abhängig ist. Die erforderliche Mindestverstärkung $V_{\min}$ wurde, wenn möglich, auf den Arbeitstafeln angegeben für einen zulässigen Dämpfungsfehler ΔA $(\omega = 1)$ (A in Np, $1\,\text{Np} = 8{,}68\,\text{dB}$) und eine angenommene maximale Schwankung der Leerlaufverstärkung ΔV. Die Näherung liefert für $Q > 3$ brauchbare Resultate.

Die Polfrequenz wird vereinfachend $\omega_0 = 1$ gesetzt (Einsparung von Schreibarbeit, größere Übersicht), und als weiteres Bezugselement der Normierung wird ein Leitwert oder eine Kapazität der Schaltung selbst gewählt. Diese Werte werden beispielsweise mit $G_a = G_b = 1$ ($C_a = C_b = 1$) festgelegt. Bei der Entnormierung nehmen diese Elemente die Bezugswerte an (G_B, $C_B = 1/\omega_B G_B$). Alle anderen G_i und C_i sind mit den Bezugsgrößen zu multiplizieren. Jeder Funktionsblock ist mit seiner eigenen realen Bezugsfrequenz zu entnormieren. Dimensionierungsbeispiele für die normierte Schaltung ($Q = 10$) sind als eingeklammerte Zahlenwerte an den Schaltelementen angegeben. Durch Kontrollbeziehungen werden numerische Fehler ausgeschlossen. Ein Vorteil der aktiven RC-Technik ist bekanntlich die in den meisten Fällen in weiten Grenzen frei zu wählende Verstärkung der geschlossenen Schleife. Sie wird in der Dimensionierung konsequent berücksichtigt, indem bei Tiefpässen V_0 (Gleichspannungsübersetzung) und bei Bandpässen K vorgegeben wird.

Tiefpaßgrundglieder

Tafel 2.8 (links)

Tiefpaß von Rauch [M 14], [F 14], [T 15], am häufigsten eingesetzter Tiefpaß, besonders geeignet für $V_0 \gtrsim 1$. Nachteilig ist, daß $V_{\min}$ und C_c/C_d mit C_0 ansteigen.

Tafel 2.8 (rechts)

Einsverstärkerschaltung [M 14], geringstes mögliches $V_{\min}$ für eine absolut stabile Schaltung, nur $V_0 = 1$ und $V_0 < 1$ möglich (durch Ausbildung des Eingangsleitwertes als Spannungsteiler).

Tafel 2.9 (links)

Tiefpaß mit RC-Nullfilter nach Tafel 2.7 (1b) [L 1], zwei geerdete Kapazitäten, für N-Pfadfilter, die mit Bipolartransistoren geschaltet werden, geeignet; sonst ungünstig, weil hohes $V_{\min}$, Phasendrehung des Rückführungsnetzwerkes ist größer als 90°, starke Schwingneigung, nur für geringe Polgüten geeignet.

Tafel 2.8

Arbeitsblatt TP 1 (Inversions-/Einsverstärkerschaltungen)

Inversionsschaltung

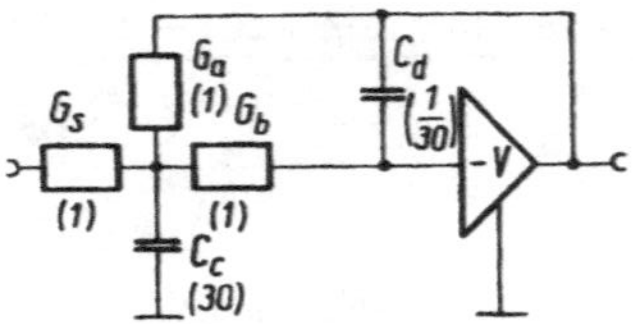

$$T(p) = \frac{-G_s}{[p^2C_dC_c + pC_d(2 + G_s) + 1](V + 1) + pC_c + G_s}$$

Einsverstärkerschaltung

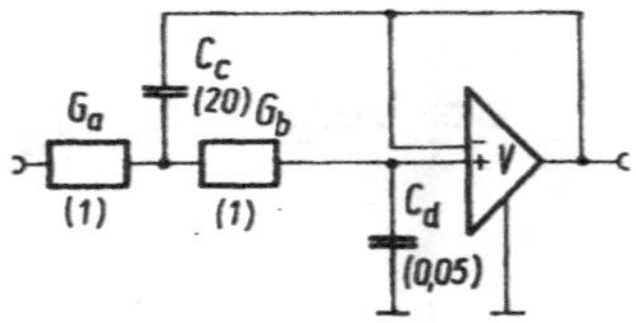

$$T(p) = \frac{V}{(p^2C_dC_c + 2pC_d + 1)(V + 1) + pC_c}$$

Bemessung:

Inversionsschaltung:

$G_a = G_L = 1$

$G_s = V_s;\quad C_d = [Q(2 + V_0)]^{-1}$

$C_c = [Q(2 + V_0)]$

$$V_{\min} = \frac{1}{\Delta A(1)/N_p}[1 + Q^2(2 + V_0)]\frac{\Delta V}{V}$$

Einsverstärkerschaltung:

$G_a = G_b = 1$

$C_c = 2Q$

$$C_d = \frac{1}{2Q}$$

$$V_{\min} = \frac{1}{\Delta A/N_p}(2Q^2 + 1)\frac{\Delta V}{V}$$

Beispiel:

Inversionsschaltung: $Q = 10;\quad V_0 = 1$

Einsverstärkerschaltung: $Q = 10$

Tafel 2.9
Arbeitsblatt TP 2 (weitere Inversionsschaltungen)

Inversionsschaltungen

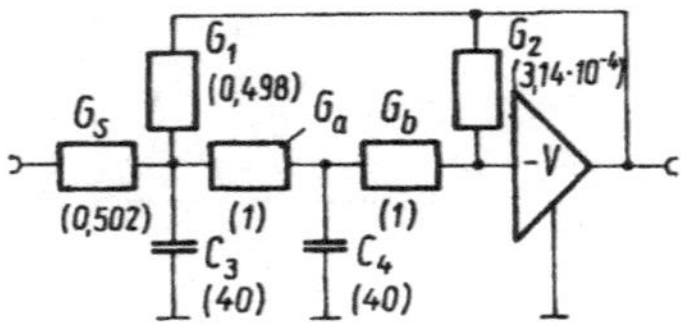

$$T(p) = \frac{-G_s V}{[G_s(p^2C^2 + pC(3 + G_s + G_1) + 2(G_s + G_1) + 1) + G_1](V+1) + N(p)}$$

$$N(p) = p^2C^2 + pC(G_1 + G_s + 2) + G_s$$

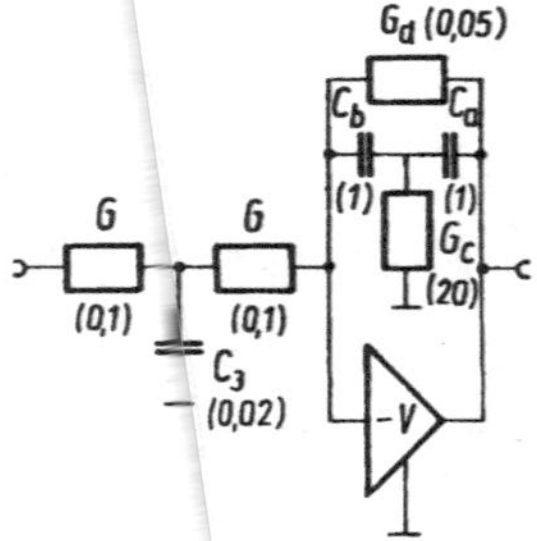

$$T(p) = \left.\frac{-G^2(2p + G_c)}{(2G - pC_3)(p^2 + 2pG_d + G_cG_d + N)}\right|_{V\to\infty}$$

$$= \frac{GG_c}{2(p^2 + 2pG_d + G_cG_d)}$$

$$N(p) = \frac{1}{V}\left[p^2 + p\left(2a + 2\frac{V_0}{Q} + \frac{1}{Q}\right) + V_0 + 1\right]$$

Bemessung:

$$G_a = G_b = 1$$

$C_c = C_3 = C$; $\quad C > 3Q$ vorgegeben

$$G_s = \frac{C^2 V_0 (C - 3Q)}{C^2 Q (1 + V_0) - 2C + 5Q}$$

$$G_1 = \frac{C}{Q} - 3 - G_s$$

$$G_2 = \frac{G_s}{C^2 V_0}$$

$$V_{\min} = \frac{1}{\Delta A(1)/N_p} (G_1 + G_s + 2) \frac{1}{G_2} (G_1 + G_s + 3)^{-1} \frac{\Delta V}{V}$$

$$C_a = C_b = 1$$

$$G_c = 2Q; \quad G = \frac{V_0}{Q}$$

$$G_d = \frac{1}{2Q}$$

$$C_3 = \frac{2V_0}{Q^2}$$

$$V_{\min} = \frac{1}{\Delta A(1)/N_p} (2Q + V_0 Q^{-1})\, Q \frac{\Delta V}{V}$$

Beispiel:

$Q = 10, \quad V_0 = 1$

$Q = 10 \quad V_0 = 1$

Tafel 2.9 (rechts)

Tiefpaß mit getrennten Speise- und Rückführungs-RC-Netzwerken [S 13], drei Kapazitäten, Kompensation zweier reeller Eigenwerte, günstig, weil kleines V_{min}, zum Aufbau verstärkender Tiefpässe gut geeignet

$$\left(Q = 5,\ V_0 = 25,\ V_{min} = \frac{75}{\Delta A/\mathrm{Np}} \frac{\Delta V}{V}\right).$$

Bandpaßgrundglieder

Tafel 2.10 (links)

Am häufigsten eingesetzte Bandpaßschaltung, zwei gleichgroße Kapazitäten, Übertragungskonstante $K \leq 2Q$ ist mit G_c einstellbar, maximale Resonanzverstärkung $= 2Q^2$, kleinstes mögliches V_{min}. Das Leitwertverhältnis $\frac{G_c + G_s}{G_d}$ ist gütebestimmend.

Tafel 2.10 (Mitte)

Für $G_c = 0$: RC-duale Schaltung zu Tafel 2.14, links. Das Kapazitätsverhältnis $\frac{C_c + C_s}{C_d}$ ist gütebestimmend, Übertragungskonstante $K - 2Q$ mit G_c einstellbar.

Tafel 2.10 (rechts)

Bandpaß-Einsverstärkerschaltung, bedeutende Einschränkung:

$K < \frac{1}{Q}$, d. h., die Resonanzverstärkung ist kleiner als 1. Anwendungen nur in mehrfach rückgekoppelten Filtern zu empfehlen, bei denen durch nichtinvertierende Funktionsblocks zusätzliche Summierverstärker eingespart werden können.

2.3.2.1.3. Empfindlichkeit und Güteanfachung

Einfluß der endlichen unstabilisierten Leerlaufverstärkung.

Die prinzipielle Abhängigkeit der Polgüte von RC-Resonatoren von der Leerlaufverstärkung wurde im

Tafel 2.10 Arbeitsblatt BP 1 (Inversions-/Einsverstärkerschaltungen)

Inversionsschaltungen		Einsverstärkerschaltung
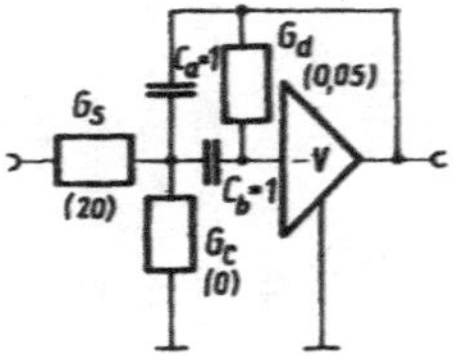	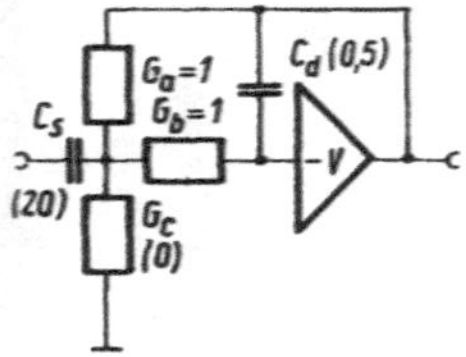	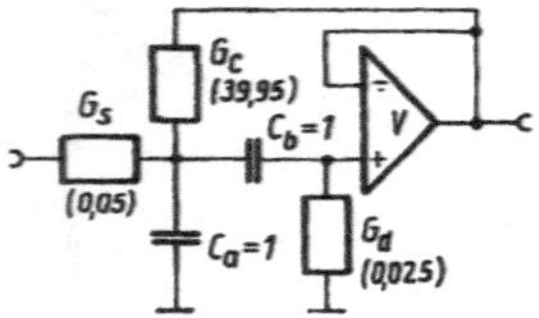
$T(p) = \dfrac{-pG_s}{[p^2 + 2pG_d + G_d(G_s + G_c)] \times \left(\dfrac{1}{V}+1\right) + p\,\dfrac{(G_s + G_c)}{V}}$	$T(p) = \dfrac{-pC_s}{[p^2C_sC_d + pC_d(2 + G_c) + 1] \times \left(\dfrac{1}{V}+1\right) + \dfrac{(pC_s + G_c)}{V}}$	$T(p) = \dfrac{pG_s}{[p^2 + (2G_d + G_s)\,p + G_d(G_s + G_c)] \times \left(1 + \dfrac{1}{V}\right) - \dfrac{pG_c}{V}}$
Bemessung:		
$\underline{G_c = 0}$: $G_s = K = 2Q$; $G_d = \dfrac{1}{2Q}$	$\underline{G_c = 0}$: $C_s = 2Q = K$; $C_d = \dfrac{1}{2Q}$	$G_s = K < \dfrac{1}{Q}$
$\underline{G_c \neq 0}$: $G_s = K$; $G_d = \dfrac{1}{2Q}$; $G_c = 2Q - K$	$\underline{G_c \neq 0}$: $C_s = K > 2Q$; $C_d = \dfrac{1}{K}$	$G_d = \dfrac{1}{2}\left(\dfrac{1}{Q} - K\right)$
	$G_c = \dfrac{K}{Q} - 2$	$G_c = \dfrac{1}{G_d} - G_s = \dfrac{2}{\dfrac{1}{Q} - K} - K$
$V_{min} = \dfrac{1}{\Delta A(1)/_{Np}} \dfrac{\Delta V}{V}(1 + 2Q^2)$, $K < 2Q$	$V_{min} = \dfrac{1}{\Delta A(1)/_{Np}} \dfrac{\Delta V}{V}(1 + KQ)$	$V_{min} = \dfrac{1}{\Delta A(1)/_{Np}} \dfrac{\Delta V}{V} Q \dfrac{(2 + K)Q - K}{1 - KQ}$
Beispiel		
$Q = 10$, $K = 2Q = 20$	$Q = 10$, $K = 2Q = 20$	$Q = 10$, $K = 0{,}05$

Beispiel 1.5 hergeleitet und in Tafel 1.11 angegeben:

$$Q = \left. \frac{Q_0}{1 + \frac{1}{1+V} \cdot 2Q_0^2} \right|_{V \gg Q_0^2} \approx Q_0 \left(1 - \frac{1}{V+1} \cdot 2Q_0^2\right)$$

$$= Q_0 \left(1 - \frac{\Delta Q}{Q_0}\right). \qquad (2.21)$$

Da die Bemessungsformeln für $V \to \infty$ gelten, ist es zweckmäßig, für eine exaktere Bemessung $Q_0 + \Delta Q$ anzusetzen. Aus der Empfindlichkeit berechnet man den relativen Gütefehler bei einer Verstärkungsänderung um ΔV:

$$\frac{\Delta Q}{Q} \approx S_V^Q \frac{\Delta V}{V} = \left. \frac{2Q_0^2 V}{(1+V)(1+V+2Q_0^2)} \frac{\Delta V}{V} \right|_{V \gg Q_0}$$

$$\approx \frac{2Q_0^2}{V} \frac{\Delta V}{V}. \qquad (2.22\text{a})$$

Durch Umstellung nach V wird die erforderliche Leerlaufverstärkung für ein geschätztes ΔV und eine geforderte Güteempfindlichkeit berechnet:

$$V_{\min} \approx (S_V^Q)^{-1}\, 2Q_0^2. \qquad (2.22\text{b})$$

Diese einfachen Beziehungen gelten exakt für die Bandpässe in Tafel 2.10 (links und Mitte) und für die durch Komplementärtransformation abgeleiteten Einsverstärkerschaltungen Tafel 2.8 und 2.10, rechts, bei denen bei Kurzschluß die Signalquelle eine überbrückte T-Schaltung ohne zusätzliche Elemente als Rückführungsnetzwerk wirksam ist ($\triangleq$ *Optimale Funktionsblöcke*). Im Allgemeinfall findet durch die Signaleinspeisung eine nachteilige Veränderung des Rückführungsnetzwerkes statt, die mit der Erhöhung der erforderlichen Leerlaufverstärkung verbunden ist.

Tafel 2.11
Zusammenhänge zwischen der Übertragungsfunktion (Darstellung mit Y-Parametern und in Determinantenform) und den Empfindlichkeiten, dem Gegenkopplungsgrad und der Dämpfungsabweichung

Darstellungsmöglichkeiten der Übertragungsfunktion $\frac{U_2}{U_1} = T(p)$:

$$T(p) = \frac{-T_V(p)}{\frac{1}{V} + T_R(p)} = \frac{a_2p^2 + a_1p + a_0}{b_2p^2 + b_1p + b_0} = -K\frac{p^2 + \frac{\omega_N}{Q_N}p + \omega_N^2}{p^2 + \frac{\omega_0}{Q}p + \omega_0^2}$$

$$= \frac{-Y_{21}}{\frac{1}{V}Y_{23} + Y_{22}} = \frac{Y_{21}}{\frac{1}{V}(Y_{20} + Y_{21}) + Y_{22}\left(\frac{1}{V} + 1\right)} = \frac{-\Delta_{13/22}}{\Delta_{23/11} + \frac{1}{V}\Delta_{11/22}}.$$

Bei Differenzverstärkerschaltungen ist von den Determinantenbeziehungen Tafel 1.8 auszugehen; $Z\{Y_{ik}\}$ = Zählerpolynom des Übertragungsleitwerts Y_{ik}

$$\Delta_{13/22} = Z\{Y_{21}\} = a_2p^2 + a_1p + a_0, \quad \Delta_{22/11} = Z\{Y_{22}\} = b_2'p^2 + b_1'p + b_0'$$

$$\Delta_{11/22} = Z\{Y_{23}\} = \beta_2p^2 + \beta_1p + \beta_0, \quad Z\{Y_{20}\} = f_2p^2 + f_1p + f_0$$

$$\beta_i = b_i' + a_i + f_i$$

Polgüte:

$$Q = \frac{\sqrt{b_2b_0}}{b_1} = \frac{\sqrt{(b_2' + \beta_2V^{-1})(b_0' + \beta_0V^{-1})}}{b_1' + \beta_1V^{-1}} \approx Q_0\left[1 + \frac{1}{V}\left[\frac{\beta_2}{2b_2'} + \frac{\beta_0}{2b_0'} - \frac{\beta_1}{b_1'}\right]\right]$$

$$Q = Q_0B; \qquad Q_0 = \frac{\sqrt{b_0'b_2'}}{b_1'}$$

Einfluß der Leerlaufverstärkung:

$$S_V^{T(p)} = \frac{1}{V}\frac{1}{\frac{1}{V} + T_R(p)} = \frac{1}{g(p)}\bigg|_{V\gg1} \approx \frac{1}{VT_R(p)}; \quad g(p) = \frac{T(p) \text{ für } T_R(p) = 0}{T(p)}$$

komplexer Gegenkopplungsgrad $g(p)$:

$$\frac{d|T|}{|T|} = \mathrm{d}\ln|T| = \mathrm{d}A/_{\mathrm{Np}} = S_V^{|T|}\frac{\mathrm{d}V}{V}$$

$$= \frac{1}{V}\,\mathrm{Re}\left\{\frac{1}{g(p)}\right\}\frac{\mathrm{d}V}{V}\bigg|_{V\gg1} \approx \frac{1}{V}\,\mathrm{Re}\left[\frac{1}{T_R(p)}\right]\frac{\mathrm{d}V}{V}$$

Tafel 2.11 (Fortsetzung)

$\omega = \omega_0 = 1$ **(Resonanzfrequenz):**

$$\Delta A(1)/_{\mathrm{Np}} \approx S_V{}^{|T|} \left.\frac{\Delta V}{V}\right|_{V \gg 1} \approx \frac{1}{V} \operatorname{Re}\left\{\frac{1}{T_{\mathrm{R}}(1)}\right\} \frac{\Delta V}{V} = \frac{1}{V} \frac{\beta_1}{b_1'} \frac{\Delta V}{V}$$

$$\left.S_V{}^Q\right|_{V \gg 1} \approx -\frac{1}{V} \left.B\right|_{Q^2 \gg 1} \approx -\frac{1}{V} \frac{\beta_1}{b_1'} \approx \frac{\Delta Q}{Q} \qquad \frac{\Delta Q}{Q} = \text{Güteabweichung bei endlichem } V$$

$$\boxed{S_V{}^{|T|}(\omega = 1) \approx -S_V{}^Q}$$

Einfluß eines passiven Elementes x_i:

$$T(p, x_i) = \frac{Ax_i + D}{Cx_i + E}$$

$$S_{x_i}^{T(p)} = \frac{[AE - CD]\, x_i}{[Ax_i + D]\,[Cx_i + E]}$$

$$S_{x_i}^{|T|} = S_{x_i}^K - S_Q^{|T|} S_{x_i}^Q - S_{\omega_0}^{|T|} S_{x_i}^{\omega_0} + S_{\omega_N}^{|T|} S_{x_i}^{\omega_N} + S_{Q_N}^{|T|} S_{x_i}^{Q_N}$$

Die allgemeinen Berechnungsgrundlagen sind in Tafel 2.11 (Mitte) dargestellt. Die Empfindlichkeit der Übertragungsfunktion nach der Leerlaufverstärkung ist, wie aus der Verstärkertechnik bekannt ist, gleich dem reziproken komplexen Gegenkopplungsgrad, der für große V gleich der Schleifenverstärkung $VT_{\mathrm{R}}(p)$ ist. Daraus folgt die anschauliche Aussage: Ein aktives RC-Netzwerk ist ausreichend stabil, wenn es bei der Resonanzfrequenz einen genügend hohen Gegenkopplungsgrad aufweist. Der relative Fehler von $T(p)$ kann auch als Dämpfungsabweichung (in Np) aufgefaßt werden, erreicht seinen Maximalwert bei der Polfrequenz und ist dort näherungsweise gleich dem negativen relativen Polgütefehler.

Auf eine analoge Betrachtung der Phasenempfindlichkeit (für Allpässe) wurde verzichtet. Der obere Teil der Tafel dient zur Herstellung der benötigten Zusammenhänge zur Polgüte und zu den Koeffizienten der Übertragungsfunktion.

Beispiel 2.7

Vertrautwerden mit der Auswirkung der Änderung der Leerlaufverstärkung auf die Schaltungseigenschaften.

Gegeben: Tiefpaß nach Tafel 2.8 (links).

Gesucht: Erforderliches $V_{\min}$ bei einer zulässigen Güteabweichung von 1%, $V_0 = 1$, $\frac{\Delta V}{V} = 1$ und $Q_0 = 5$. Außerdem wird nach dem Fehler der Resonanzfrequenz gefragt.

Lösung: Beim Tiefpaß in Tafel 2.8 (links) wird der Leitwert G_S im Rückkopplungsweg, d. h. bei Kurzschluß der Signalquelle, parallel zur Querkapazität wirksam und erhöht die Dämpfung des Rückführungsnetzwerkes in nachteiliger Form. Aus der Übertragungsfunktion

$$T_R(p) = \frac{p^2 C_d C_c + p C_d (2 + G_s) + 1}{p^2 C_d C_c + p[C_d(2 + G_s) + C_c] G_s + 1}$$

$$= \frac{p^2 + \frac{1}{Q_0} p + 1}{p^2 + \left[\frac{1}{Q_0} + (2 + V_0) Q_0\right] p + 1 + V_0}. \tag{2.23}$$

$Q_N = Q_0 =$ Nullstellengüte des Rückkopplungsnetzwerkes, entspricht der Grundgüte der Pole bei $C \to \infty$, wird mit der Schließungsbedingung $T_R = -\frac{1}{V}$ der Nenner der geschlossenen Schleife:

$$N(p) = p^2\left(1 + \frac{1}{V}\right) + p\left\{\frac{1}{Q_0} + \frac{1}{V}\left[\frac{1}{Q_0} + (2 + V_0)\, Q_0\right]\right\}$$

$$+ 1 + \frac{1}{V} + \frac{V_0}{V}. \tag{2.24}$$

Zunächst soll der Fehler abgeschätzt werden, der bei endlicher Leerlaufverstärkung gegenüber der Bemessung mit $V \to \infty$ auftritt. Für die Polgüte gilt

$$Q^2 = \frac{V + 1 + V_0(V + 1)}{[V + 1 + (2 + V_0)\, Q_0^2]^2}\, Q_0^2. \tag{2.25}$$

Wir setzen zutreffend $V_0 \ll V$ an und vernachlässigen V_0 im Zähler:

$$Q \approx \frac{V+1}{(V+1+(2+V_0)\,Q_0^2}; \quad \frac{\Delta Q}{Q} \approx \frac{(2+V_0)\,Q_0^2}{1+V}. \quad (2.26)$$

Ergebnis aus Tafel 2.11:

$$\frac{\Delta Q}{Q} \approx \frac{1}{V}\frac{\beta_1}{b_1'} = \frac{1}{V}(2+V_0)\,Q_0^2. \quad (2.27)$$

Damit wird die Polgüte durch die endliche Verstärkung um ΔQ herabgesetzt, d. h., wenn eine genauere Dimensionierung erforderlich ist, sollte bei ungefährer Kenntnis der Leerlaufverstärkung die Dimensionierung mit $Q = Q_0 + \Delta Q$ erfolgen.

Für die Empfindlichkeit folgt aus (2.23) nach den Regeln von Tafel 1.10

$$\frac{\frac{\Delta Q}{Q}}{\frac{\Delta V}{V}} \approx S_V{}^Q = \frac{1}{2}\frac{\mathrm{d}Q^2}{\mathrm{d}V}\frac{V}{Q^2} = \frac{(2+V_0)\,Q_0^2}{(V+1)+(2+V_0)\,Q_0^2}. \quad (2.28)$$

Daraus folgt für die zulässige Mindestverstärkung bei einzuhaltender gegebener Güteabweichung

$$\rightarrow V_{\min}+1 \approx (2+V_0)Q_0^2\left[\left(\frac{\Delta Q}{Q}\right)^{-1}\frac{\Delta V}{V} - 1\right] = 7425 \approx 7500. \leftarrow \quad (2.29)$$

Der Fehler der Resonanzfrequenz aus Gl. (2.22) infolge der endlichen Leerlaufverstärkung ist vergleichsweise klein:

$$\frac{\omega_0 + \Delta\omega_0}{\omega_0} = \sqrt{1 + \frac{V_0}{1+V}}; \quad \frac{\Delta\omega_0}{\omega_0} = \frac{1}{2}\frac{V_0}{V+1} \approx 7 \cdot 10^{-5} \quad (2.30)$$

und spielt nur bei stark angefachten Schaltungen eine größere Rolle.

Empfindlichkeiten bezüglich der passiven Elemente

Bei der Berechnung der Empfindlichkeiten bezüglich der passiven Elemente kann $V \to \infty$ gesetzt werden. $T(p)$ ist eine bilineare Funktion der Kapazitäten und Widerstände (Tafel 2.16 (unten)). Die Empfindlichkeit der Übertragungsfunktion bezüglich der Schaltelemente kann unmittelbar aus den Koeffizientenempfindlichkeiten oder, wie in Abschnitt 1.3 gezeigt, über die Polgüte- und Polfrequenzempfindlichkeiten berechnet werden. Während für die Auswirkung einer Verstärkungsänderung vor allem die Güteempfindlichkeit maßgebend war, ist es bei den passiven Elementen die Frequenzempfindlichkeit. Die in Abb. 1.29 gegebenen Funktionen sind mit entsprechenden Kennwerten zu multiplizieren. Für die Übertragungsfunktion eines Tiefpaßgrundgliedes wird die Empfindlichkeit des Betrages nach einem beliebigen Schaltelement x_i

$$T(p) = \frac{V_0 \omega_0^2}{p^2 + p\dfrac{\omega_0}{Q_0} + \omega_0^2}, \tag{2.31}$$

$$S_{x_i}^{|T|} = S_{V_0}^{|T|} \cdot S_{x_i}^{V_0} + S_{\omega_0}^{|T|} S_{x_i}^{\omega_0} + S_Q^{|T|} S_{x_i}^{Q}.$$

Im Allgemeinfall eines biquadratischen Funktionsblockes kommen, wie in Tafel 2.11 (unten) gezeigt wird, weitere Glieder für die Nullstellenfrequenz und Nullstellengüte, die entgegengesetztes Vorzeichen haben und bei enger Nachbarschaft kompensierend wirken, hinzu. Dieser Kompensationseffekt liefert eine Begründung für die Regel, bei Filtern höheren Grades dem Funktionsblock mit der höchsten Güte die unmittelbar benachbarte Nullstelle zuzuordnen. Die Auswirkungen der Empfindlichkeit in Kettenschaltungen bei komplexeren Filtern wurden in [G 12] diskutiert. Danach findet durch die versetzten Resonanzfrequenzen im Durchlaßbereich eine Kompensation statt. An den Bandgrenzen verbleiben allerdings erhebliche, der Maximalgüte proportionale Empfindlichkeitsspitzen, ein Hauptnachteil der Kaskadenschaltungen.

Frequenzverhalten, Stabilitätsbetrachtungen

Aktive Filter werden mit breitbandigen Gleichstromverstärkern betrieben. Da jede Verstärkerstufe für sich durch parasitäre Kapazitäten oberhalb seiner Grenzfrequenz in der Verstärkung abfällt, ist der Arbeitsfrequenzbereich einer aktiven RC-Schaltung begrenzt. Dieser Verstärkungsfall kann nach Abschnitt 1.1.4. durch einfache Ersatzschaltungen, z. B. durch Kettenschaltung mehrerer RC-Glieder, d. h. eine bis drei „Knickfrequenzen“, näherungsweise erfaßt werden. Es wurde bereits gezeigt, daß ein nicht ausreichender Leerlaufverstärkungsfaktor zu Polgüteabweichungen führt. Mit dem Verstärkerfrequenzgang verbundene Phasendrehungen erhöhen die Gefahr der Selbsterregung. Mathematisch wird dies durch eine Erhöhung des Grades der charakteristischen Gleichung beschrieben. Durch geeignete Kompensation der Verstärker oder durch Korrektur der offenen Schleife kann die Selbsterregung verhindert werden.

Güteanfachung

In Tafel 2.5 und 2.6 sind die angefachten Funktionsblöcke für die Inversions- und Einsverstärkerschaltung angegeben, die sich durch das Vorzeichen von k_R und V unterscheiden. Da beide durch Komplementärtransformation ineinander übergeführt werden können, genügt es, die angefachte Inversionsschaltung nach Tafel 2.6 (unten) zu betrachten; sie hat die Übertragungsfunktion

$$T(p) = \frac{-T_V(p)}{\frac{1}{V} - k_R + T_R(p)} = -\frac{Y_{31}}{\left(\frac{1}{V} - k_R\right) Y_{33} + Y_{32}} \tag{2.32}$$

$$\text{mit } T_V = \frac{Y_{31}}{Y_{33}}; \quad T_R = \frac{Y_{32}}{Y_{33}}; \quad k_R = \frac{G_7}{G_7 + G_8}.$$

Aus Gl. (2.32) erkennt man zunächst eine Möglichkeit, den von der endlichen Leerlaufverstärkung V verursachten Fehler zu kompensieren. Wählt man $k_R = V^{-1}$, so fällt der Term mit Y_{33} heraus, d. h., für $V = \frac{1}{k_R}$ hat der mit dem Anfachungsspannungsteiler versehene

Verstärker die Verstärkung unendlich. Für $k_R > \frac{1}{V}$ tritt eine Differenzbildung im Nenner auf, die zur Güteanfachung führt.

Im Gegensatz zur im Abschnitt 1.3.4. behandelten Idealform, bei der nur ein Linearglied im Nenner subtrahiert wurde, wird bei realen Schaltungen immer die Differenz zweier Polynome gebildet (Beispiel 1.5). Ersetzt man die Zweipoladmittanz Y_{33} (Tafel 2.11 (oben)) durch die Summe der Übertragungsleitwerte von Knoten 3 nach 1, 2, 0, d. h. $Y_{33} = Y_{31} + Y_{32} + Y_{30}$ und $x = k_R - \frac{1}{V}$, so wird aus (2.32)

$$T(p) = -\frac{Y_{31}}{Y_{32}(1-x) - (Y_{30} + Y_{31})\,x}$$

$$= \frac{a_2p^2 + a_1p + a_0}{[b_2'p^2 + b_1'p + b_0']\,(1-x) - x[(f_2 + a_2)\,p^2 + (f_1 + a_1)\,p + f_0 + a_0]} \qquad (2.33)$$

Wir kommen der in Abschnitt 1.3.4 beschriebenen idealen Form der Güteanfachung näher, wenn das Rückführungsnullfilter auch bei kurzgeschlossenem Signaleingang eine überbrückte T-Schaltung nach Abb. 2.9 ist und der Übertragungsleitwert Y_{31} nur ein Linearglied enthält. Dies trifft für die bereits erwähnten optimalen Funktionsblöcke in Tafel 2.8 und 2.10 zu, für die die in Tafel 1.11 angegebenen Formeln exakt gelten ($f_2 = f_0 = a_2 = a_0 = 0$).

Im Allgemeinfall werden die Polgüte und die Polfrequenz der angefachten Schaltung aus Gl. (2.33) hergeleitet:

$$\omega_0^2 = \frac{b_0'(1-x) - x(f_0 + a_0)}{b_2'(1-x) - x(f_2 + a_2)}$$

$$Q = \frac{\sqrt{[b_0(1-x) - x(f_0 + a_0)]\,[b_2(1-x) - x(f_2 + a_2)]}}{b_1(1-x) - x(f_1 + a_1)}. \qquad (2.34)$$

Eine näherungsweise Bemessung ergibt sich für $x \ll 1$ (geringe Anfachung) und $b_1 \ll f_1 + a_1$ (hohe Grundgüte, $Q_0 \geqq 5$, Fehler $< 2\%$):

$$\omega_0^2 \approx \frac{b_0'}{b_2'}, \; Q \approx \frac{\sqrt{b_0' b_2'}\,(1 - x)}{b_1'(1 - x) - x(f_1 + a_1)}$$

$$= \underline{\frac{Q_0}{1 - \dfrac{f_1 + a_1}{b_1'} \dfrac{x}{1 - x}}} \approx \frac{Q_0}{1 - \dfrac{\beta}{b_1'}\,x}. \qquad (2.35)$$

Damit wird

$$x \approx \frac{1 - \dfrac{Q_0}{Q}}{1 - \dfrac{Q_0}{Q} + \dfrac{f_1 + a_1}{b_1'}} \approx \left(1 - \frac{Q_0}{Q}\right) \frac{b_1'}{\beta_1}.$$

Die unterstrichene Beziehung gilt exakt für die genannten optimalen Funktionsblöcke.

Die letzte Näherung entspricht dem in Abschnitt 1.3.3. dargestellten Sachverhalt mit $a = \dfrac{\beta_1}{b_1}\,x$ und $f = (1 - a)^{-1} = \dfrac{Q}{Q_0}$ (Anfachungsfaktor). Näherungsweise gelten für geringe Anfachung ($x \ll 1$, $Q_0 \geqq 5$, $f < 10$) die Empfindlichkeitsbeziehungen in Tafel 2.11 (Mitte), wenn man $\dfrac{k}{V}$ durch $-x$ ersetzt. Insbesondere gilt dann für die Güteempfindlichkeit mit $Q = Q_0(1 - a)^{-1}$:

$$S_a{}^Q = a \cdot f = f - 1 = \frac{Q}{Q_0} - 1; \; S_V{}^a = \frac{1}{Vx}; \; S_V{}^Q = \frac{\beta_1}{b_1'}, \; f \cdot \frac{1}{V} \qquad (2.36)$$

d. h., die Empfindlichkeit der Polgüte bezüglich aller in a enthaltenen passiven Elemente, z. B. auch des Spannungsteilerverhältnisses k_R, steigt um den Faktor

$f - 1$ an. Sie wird dann kritisch, wenn sie die Größenordnung der Frequenzempfindlichkeiten erreicht.

Ein Vergleich einer angefachten und einer nichtangefachten Bandpaßschaltung nach Beispiel 1.5 mit $\frac{\beta_1}{b_1'} \approx 2Q^2$ und bei gleichem gefordertem S_V^Q liefert

$$\frac{V_{\min}\,(\text{angefacht})}{V_{\min}\,(\text{nichtangefacht})} = \frac{2Q_0^2 \cdot f}{2Q^2} = \frac{1}{f} \tag{2.37}$$

d. h. der Verstärkungsbedarf ist um den Faktor $\frac{1}{f}$ kleiner.

Für die starke Anfachung ($Q_N \leqq 2$, $f = 5 \cdots 50$) wurde die exakte Bemessung in der Tafel 2.12 angegeben, weil in jedem Fall die Übertragungskonstante und meist auch die Polfrequenz durch die Anfachung verändert werden. Für den Einsverstärker-Bandpaß (in der Tafel rechts) gelten Einschränkungen für die Übertragungskontante. Er ist für MLF-Schaltungen interessant.

2.3.2.1.4. Erzeugung von Übertragungsnullstellen

Die Realisierung exakter Dämpfungspole (imaginärer Übertragungsnullstellen) ist z. B. mit der Doppel-T-Brücke (d. h. passiven *RC*-Netzwerken, die mindestens drei Kapazitäten enthalten) gut möglich [G 14].

Im Sinne einer ökonomischen Ausnutzung des zur Polerzeugung erforderlichen Nullfilters sollte dieses sowohl im Rückwärtsweg des Verstärkers als auch in dem von der Signalquelle zum Verstärkereingang führenden Vorwärtsweg wirksam werden.

Dazu ist das im Rückführungsweg des Verstärkers liegende Nullfilter so zu modifizieren, daß durch Anbringen eines weiteren Eingangs und Einfügen einer dritten Kapazität in Vorwärtsrichtung ein Netzwerk mit imaginären Nullstellen nach Tafel 2.7 entsteht und im Rückwärtsweg komplexe Nullstellen erhalten bleiben.

Tafel 2.12
Arbeitsblatt BP 2, angefachte Bandpaßgrundglieder, Gegenüberstellung Inversionsschaltungs – Einsverstärkerschaltung

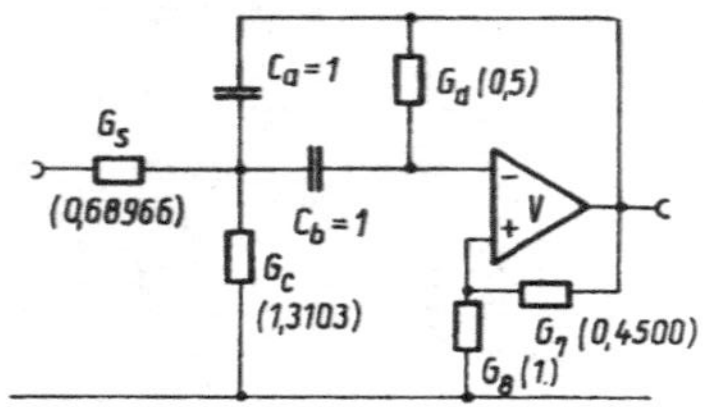

$$T(p) = \frac{pG_s}{[p^2 + 2G_d p + G_d(G_s + G_c)](1 - x) - p(G_s + G_c)\,x}$$

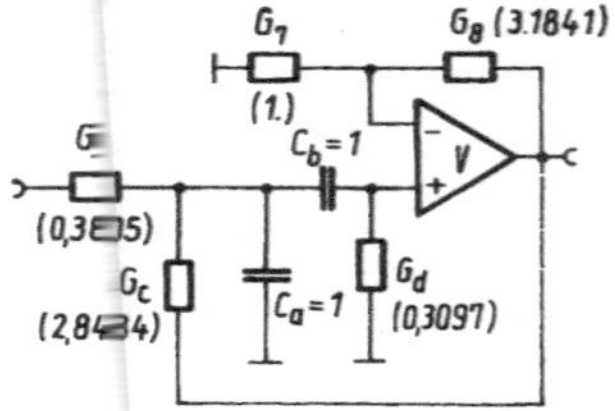

$$V' = \frac{1}{k_R + \frac{1}{V}}$$

$$T(p) = \frac{pG_sV'}{[p^2 + p(G_s + G_c + 2G_d) + (G_s + G_c)\,G_d] - pG_cV'}$$

Bemessung:

Geg.: $C_b = C_a = 1$, Q_0 (Grundgüte), Q, K, G_s bzw. G_7 (beliebig)	1) Grundgüte Q_0 vorgegeben 2) $G_d \approx (2Q_0)^{-1}$ vorgegeben (einfacher)
$x = \dfrac{Q - Q_0}{Q - Q_0 + 2Q_0^2Q}$	1) $2QV'^3 - \left[\dfrac{Q}{Q_0^2} + 2Q + \dfrac{Q}{Q_0}K - \dfrac{1}{Q_0}\right]V'^2$; $K < \dfrac{1}{Q_0}$
$G_s = K(1 - x)$; $G_c = 2Q - G_s$	$- K\left(1 - KQ - \dfrac{2Q}{Q_0}\right)V' - QK^2 = 0$
$G_d = \dfrac{1}{2Q_0}$	$G_d = 0{,}5\left(\dfrac{1}{Q_0} - \dfrac{K}{V'}\right)$

$$k_R = x + \frac{1}{V}\bigg|_{V\to\infty} \approx x$$

$$G_7 = \frac{k_R G_8}{1 - k_R}$$

$K = 1{,}0 \quad G_8 = 1 \qquad Q_0 = 1, \quad Q = 10$

2) $V' = 1 + 2G_d^2 + KG_d - \frac{G_d}{Q}; \quad Q_0 = (G_s + 2G_d)^{-1}$

$$G_0 = \frac{1}{G_d} - \frac{K}{V'} \quad G_s = \frac{K}{V'} \quad k_R = \frac{1}{V'} - \frac{1}{V}\bigg|_{V\to\infty} \approx \frac{1}{V'}$$

$$G_8 = \frac{k_R G_7}{1 - K_R}$$

Kontrollbeziehung:

$Q = [Q_0^{-1} + G_c(1 - V')]^{-1}$

Beispiel:

$G_7 = 1, \quad K = 0{,}5: \qquad V' = 1{,}314$

$Q_0 = 1, \; Q = 10,$

Neben der rein passiven Nullstellenerzeugung gibt es noch eine zweite Möglichkeit, hochstabile Sperrstellen zu erzeugen. Durch Ausnutzung der 180°-Phasendrehung des gegenpoligen Eingangs eines Differenzverstärkers (oder einer einzelnen invertierenden Stufe) wird die durch die Grundgüte bereits vorhandene Sperrwirkung des im Vorwärtsweg liegenden Nullfilters weiter erhöht. In Analogie zur Polgüteanfachung soll diese Methode mit Nullstellenanfachung bezeichnet werden. Die Gefahr der Selbsterregung ist dabei selbstverständlich ausgeschlossen [B 11], [F 15], [G 14], [P 11], [S 17], [S 18], [S 20], [S 21], [S 22], [S 23], [S 25].

Allgemein bleibt festzustellen: Die Sperrdämpfungskonstanz in der Nähe der Nullstelle ist wesentlich von der Grundgüte des Nullfilters abhängig. Reine Kompensationsverfahren, bei denen von reellen Eigenwerten ausgegangen wird, sind daher abzulehnen, ebenso wie die Mitkopplungsschaltungen bei der Polerzeugung.

Erläuterungen zu den Tafeln 2.13 und 2.14

Tafel 2.13 zeigt eine universell verwendbare TP-Schaltung mit rein *passiver Nullstellenerzeugung* und aufwandarmem Verstärker, wobei die invertierende und die nichtinvertierende Ausführung getrennt ausgewiesen werden.

Tafel 2.14 zeigt eine ebensolche TP-Schaltung mit *Nullstellenanfachung* (über einen gegenpoligen Verstärkereingang). Rechts in der Tafel wird eine Modifikation mit einer zusätzlichen Kapazität vorgestellt, die zusätzlich einen reellen Pol aufweist.

2.3.2.2. Funktionsblöcke zweiten Grades mit mehreren Verstärkern

Da *RC*-aktive Teilschaltungen mit mehreren Verstärkern bei geeigneter Bemessung günstigere Empfindlichkeitseigenschaften und kleinere Bauelementeunterschiede aufweisen, haben sie eine bestimmte Bedeutung. Da

Tafel 2.13

Arbeitsblatt TP 3, Tiefpaß mit Übertragungsnullstellen und aufwandarmen Verstärkern, oben: mit invertierendem Verstärker ($V_0 > 1$ möglich), unten: mit Einsverstärker.

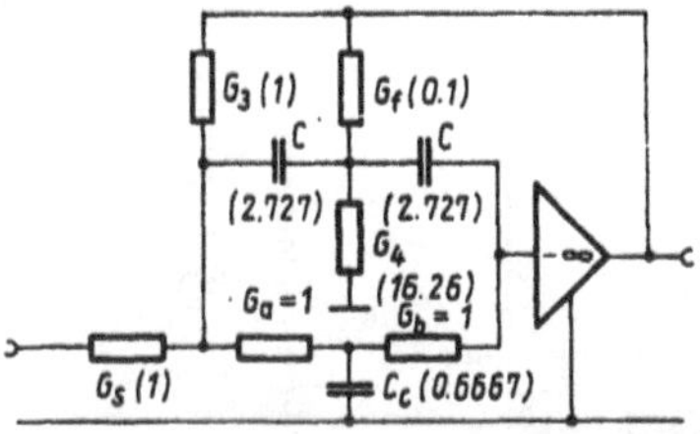

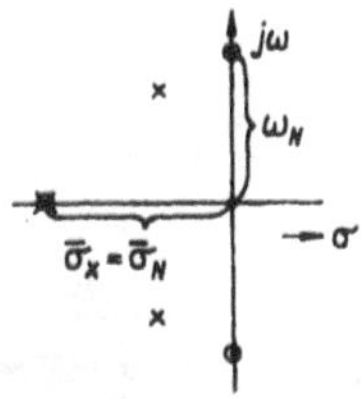

$$T(p) = \frac{G_s[p^3C^2C_c + p^2 2C^2 + p2C + G_f + G_4]}{p^3C^2C_c(G_f + G_3) + p^2[2C^2(G_f + G_3) + C_cC(G_s + G_3 + 1)\,G_f] + p2C \times [G_f(G_3 + G_s) + G_3 + G_f] + G_3(G_f + G_4)}$$

Bemessung:

Geg.: Q, V_0, $r = \omega_N^2$, G_3 beliebig z. B. $G_3 = 1$

	Kontrollbeziehung:
$G_f = G_3(r - 1)$	$QG_f(G_3 + G_s + 1) = C(G_f + G_3)$
$C = [G_3(V_0 + 1) + 1]\left(\frac{r-1}{r}\right)Q$	$rG_3 = G_f + G_3$
$C_c = \frac{2}{rC}$	$CC_c(G_f + G_3) = 2G_3$
$G_4 = 2rC^2 - G_f$	$2C^2(G_f + G_3) = (G_f + G_4)\,G_3$
$G_s = V_0G_3$	$C_c(G_f + G_4) = 4C$

Reelle Eigenwerte (Kompensation): $\bar{\sigma}_N = \bar{\sigma}_x = \frac{2}{C_c}$

Beispiel: $Q = 10$, $V_0 = 1$, $r = 1{,}1$ ($\omega_N = 1{,}05$), $G_3 = 1$

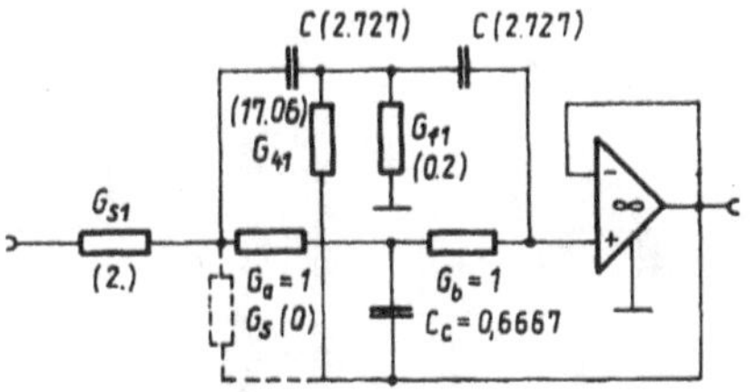

Einsverstärkerschaltung

$G_{s1} = G_s + G_3$

$G_{f1} = \frac{G_f}{G_3}\,G_{s1}$

$G_{41} = G_4 + G_s - G_{f1}$

oder $G_{s1} = G_3$, $G_{41} = G_4$, $G_{f1} = G_f$

und zusätzlich G_s (gestrichelt gezeichnet)

Tafel 2.14

Arbeitsblatt TP 4, Tiefpässe mit Übertragungsnullstellen und Operationsverstärkern ($V_0 > 1$ möglich, invertierend).
Links: Tiefpaß 2. Grades. Rechts: Tiefpaß 3. Grades zusätzlich reellem Pol

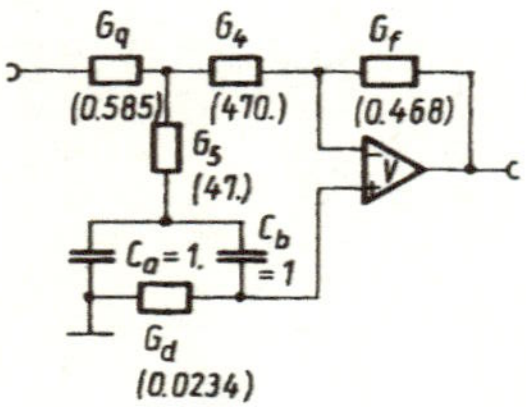

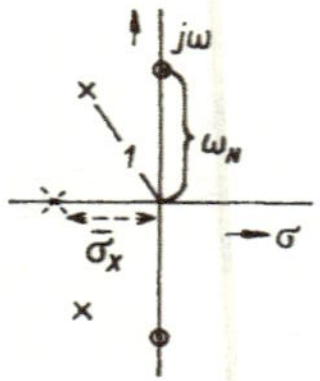

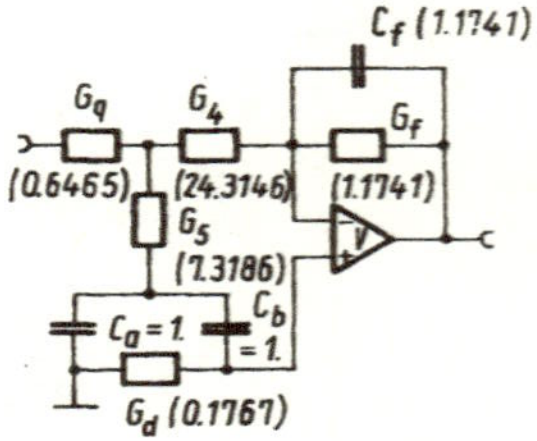

zusätzliches C_f
zusätzlicher reeller Pol

$$T(p) = \frac{G_q[p^2(G_4 - C_fG_5) + p(2G_4G_d - G_5C_f) + G_4G_dG_5]}{(G_f + pC_f)[p^2(G_q + G_4 + G_5) + p[2G_d(G_q + G_4 + G_5) + G_qG_5] + G_5G_d(G_q + G_4)]}$$

Bemessung

Tiefpaß, biquadratisch

Geg.: Q, V_0, $r = \omega_N^2$, $C_f = 0$

$$G_d = \frac{r}{2Q(V_0 + r)}, \quad G_5 = \frac{r}{G_d}$$

Tiefpaß dritten Grades mit Übertragungsnullstellen

Geg.: Q, V_0, $r = \omega_N^2$, $\bar{\sigma}_x$, $a = \bar{\sigma}_x + \frac{1}{Q} + \frac{V_0\bar{\sigma}_x}{r}$

Bed.: $G_d > \frac{(r - 1)\,\bar{\sigma}_x}{r}$ sonst V_0 größer wählen

$$G_d = \frac{a}{4} - \sqrt{\left(\frac{a}{4}\right)^2 - \frac{\bar{\sigma}_x}{4Q}},$$

$$G_q = \left(\frac{1}{Q} - 2G_d\right)\frac{r}{r-1}, \quad G_4 = \frac{r}{G_d(r-1)} - G_d$$

$$G_f = \frac{2G_dG_4}{G_e}$$

$$V_{\min} \approx \frac{1}{\Delta A(1)}\left[\frac{2Q^2(V_0 + r)^2}{r^2} + V_0 + 1\right]$$

Nach erfolgter Dimensionierung Erhöhung von V_0 auf V_1 möglich (G_3!):

$$G_{f1} = \frac{V_0}{V_1} G_f \text{ (für } G_f)$$

$$G_3 = G_f - G_{f1} = \left(1 - \frac{V_0}{V_1}\right) G_f$$

$$G_q + G_4 = \frac{r\left(1 - \frac{2G_d}{\bar{\sigma}_x}\right)}{G_d\left[r\left(1 - \frac{2G_d}{\bar{\sigma}_x}\right) - 1\right]}, \quad G_q = G_d(G_q + G_4)\left(\frac{1}{Q} - 2G_d\right)$$

$$G_4 = (G_q + G_4) - G_q$$

$$G_5 = \frac{r\left(1 - \frac{2G_d}{\bar{\sigma}_x}\right)}{G_d}, \qquad G_f = \frac{2G_dG_4}{G_e}, \quad C_f = \frac{G_f}{\bar{\sigma}_x}$$

Kontrollbeziehungen: $G_q + G_4 + G_5 = G_5G_d(G_q + G_4)$

$$Q[2G_d(G_q + G_4 + G_5) + G_qG_5] = G_q + G_4 + G_5$$

$$2G_4G_d = G_5G_f$$

Beispiel

$Q = 10$, $V_0 = 1{,}25$, $r = 1{,}1$

$Q = 2$; $V_0 = 1$; $r = 2$; $\bar{\sigma}_x = 1$

zunehmend integrierte Verstärker zum Einsatz kommen, ist der größere Aufwand nicht gravierend. Solche Ausführungen sind i. a. gut abgleichbar, da die Verstärker eine innere Entkopplung bewirken. Dieser Sachverhalt eröffnet weiter die Möglichkeit, „durchstimmbare oder steuerbare" Netzwerke (z. B. Filter mit Grenz- oder Mittenfrequenzänderung, Polgütensteuerung oder Bandbreitenvariation) zu verwirklichen. Da im Prinzip jeder Verstärkerausgang zugleich Schaltungsausgang sein kann, gelingt es, mit *einem Aufbau mehrere unterschiedliche* Übertragungsfunktionen zu realisieren, u. a. kann so mit einer Struktur *universell* ein $T^{(\lambda)}(p)$ mit TP-, HP-, BP-, BS- oder AP-Eigenschaften erzeugt werden. Durch Ausnutzung von Überlagerungseffekten ist variabel eine Nullstellenerzeugung zusätzlich möglich. Da jetzt die für eine vorgeschriebene Polgüte notwendige Verstärkung von mehreren Verstärkern erbracht werden kann, verteilt sich dieser Beitrag, und kleinere Werte für die Einzelverstärkungen sind die Regel. Demgemäß fallen die Forderungen für die aktiven Elemente geringer aus.

Diesen Vorteilen stehen vermehrte parasitäre Einflüsse — die unvermeidbar jedem Verstärker eigen sind — gegenüber. Besonders die „aufsummierten" Phasenfehler können Instabilitäten hervorrufen, und es ist deshalb ratsam, hierzu verfeinerte Untersuchungen anzustellen [K 13].

Zweiverstärkerschaltungen

Beispiele dafür siehe [F 6], [P 1]

Drei- und Mehrverstärkerschaltungen

Ein wirkungsvoller Ansatz zur Analyse und Synthese solcher Schaltungen ist die Betrachtungsweise der Analogrechentechnik. Dabei ist es üblich, eine Wirkung

$$U_2(p) = T(p)\, U_1(p)$$

im Zeitbereich, also $u_2(t)$, nachzubilden. Die wichtigsten Elemente der Analogrechner, mit denen das ausgeführt wird, sind *Inverter*, *Integratoren*, *Summierer* und *Teiler*.

Durch Umformung von Analogrechner-Darstellungen entstehen *RC*-aktive Strukturen, die als wesentliche Elemente Inverter und Integratoren — erzeugt mit OV — enthalten. Deshalb nennen wir solche Strukturen auch *Integratorschaltungen.*

Wenn wir ideale OV unterstellen, kann eine Struktur wie Tafel 2.15 skizziert, als eine Art gemeinsame Grundform angesehen werden. Abhängig von der Einspeisung können wir damit

eine

— TP-Funktion $$T(p) = \frac{U_2}{U_{11}} = \frac{-K}{\omega_0^2 + \frac{\omega_0}{Q} p + p^2} \tag{2.38a}$$

eine

— BP-Funktion $$T(p) = \frac{U_2}{U_{12}} = \frac{K\omega_0 p}{\omega_0^2 + \frac{\omega_0}{Q} p + p^2} \tag{2.38b}$$

oder eine

— HP- (ähnliche) Funktion $$T(p) = \frac{U_2}{U_{13}} = \frac{-K(p^2 + a_1\omega_0 p)}{\omega_0^2 + \frac{\omega_0}{Q} p + p^2} \tag{2.38c}$$

verwirklichen.

Die Bemessungsvorschriften (entstanden durch Koeffizientenvergleich mit $T(p) = f$(Schaltelemente)) sind bei den gewählten Annahmen denkbar einfach. Polgüte und Polfrequenz sind unabhängig voneinander einstellbar (Tafel 2.15). Im Vergleich zu den anderen Funktionsblöcken mit einem oder zwei OV zeichnen sich solche Integratorschaltungen durch vorteilhaftes Stabilitäts-, Empfindlichkeits- und Rauschverhalten aus [G 16], [M 15]. Sollen verfeinerte Betrachtungen angestellt werden, sind insbesondere die realen Verstärkereigenschaften zu berücksichtigen.

Tafel 2.15
„Universelle" Integratorschleife

$$T(p) = \frac{U_2}{U_{1\mu}} = \frac{Z_\mu}{p^2 + \frac{\omega_1}{Q}p + \omega_0^2}$$

mit:

$Z_1 = -K\omega_0^2$ bzw. $Z_2 = K\omega_0 p$ bzw. $Z_3 = -K(p^2 + a_1\omega_0 p)$

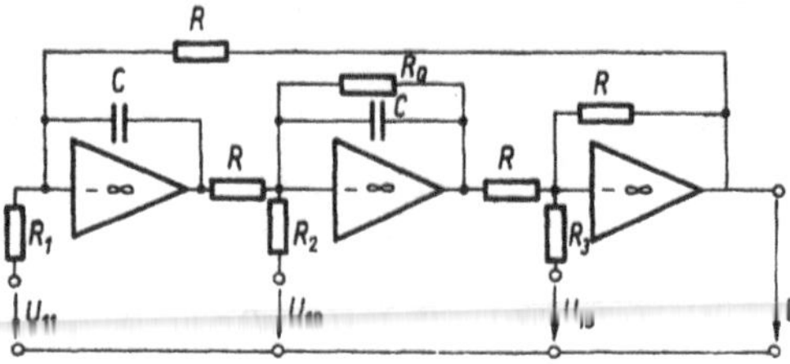

Bemessung:

R oder C wählbar,

$$\omega_0 = \frac{1}{RC}, \quad R_Q = QR, \quad K = \frac{R}{R_\mu} \quad (\mu = 1,2)$$

$$a_1 = \frac{R}{R_Q}$$

Ergänzung: Auf der Suche nach Lösungen mit geringem „aktivem Aufwand" (das ist i. a. identisch mit geringer Verlustleistung) sind auch *höhergradige Funktionsblöcke* mit einem Verstärker untersucht worden. Praktisches Interesse haben speziell Anordnungen vierten Grades mit zwei komplexen Polpaaren zur Erzeugung von

— TP-Funktionen und von
— BP-Funktionen.

E. Geissler [G 11], [F 3] hat dazu ausführliche Untersuchungen angestellt. Sie sind grundsätzlich auf die Realisierung kleinerer Güten (etwa $Q < 10$) beschränkt und erbringen u. U. günstigere Dynamikverhältnisse.

2.3.2.3. Praktische Probleme und Anwendungen

Kaskadenschaltungen von Funktionsblöcken 2. Grades: Nach dieser Methode wird gegenwärtig die Mehrzahl der aktiven Filter realisiert. Der einfache Entwurf und Abgleich sowie der niedrige Aufwand sind überzeugende Vorteile. Die Anpassungsbedingungen sind unkritisch, wegen des meist hochohmigen Eingangs und niederohmigen Ausgangs, Verstärkerfunktionen können mit erfüllt werden. Die Realisierung von Tiefpässen und Bandpässen mittleren Schwierigkeitsgrades mit Maximalgüten von $Q = 10 \cdots 20$ durch Kettenschaltung von 4 bis 5 Funktionsblöcken ist durchaus erfolgversprechend.

Aus den Toleranzforderungen werden analog zum Entwurf von *LC*-Filtern im Approximationsschritt die Eigenwerte einer zulässigen Funktion gefunden. Diese werden in Polgüten und Polfrequenzen umgerechnet. Beim Vorhandensein von Übertragungsnullstellen ist in der Regel aus Empfindlichkeitsgründen und wegen der geringeren Resonanzüberhöhung das am dichtesten benachbarte Pol- und Nullstellenpaar zu einem Funktionsblock zusammenzufassen. Wählt man die Reihenfolge der Funktionsblöcke nach ansteigender Polgüte, so wird kein Verstärker mit einem höheren Ausgangssignal ausgesteuert als der letzte (V_0 oder $V_m = 1$ bei allen Funktionsblöcken vorausgesetzt). Nachteilig ist in diesem Fall, daß das ungünstige Rauschverhalten des letzten Funktionsblockes voll auf den Ausgang eingeht.

Beispiel 2.8

Problem: Entwurf eines Katalog-TP, C $n = 4$ $\varrho = 10\%$ $\Theta = 22°$ für die Grenzfrequenz 108 kHz und die Verstärkung im Durchlaßbereich $V_0 = 1$.

Lösung: Nach Katalog gilt

Pole:	Polgüte:	Polfrequenz (norm.)	entnorm.
$-0{,}2877 \pm j\,1{,}190$	2,13	1,224	$f_{B1} = 132{,}19$ kHz
$-0{,}7745 \pm j\,0{,}528$	0,6052	0,9374	$f_{B2} = 101{,}24$ kHz

Nullstelle: $\pm j\,3{,}140$

Ausgewählt werden die Funktionsblöcke nach Tafel 2.8 (links) und Tafel 2.13. Die Nullstelle wird dem Funktionsblock mit der höheren Güte zugeordnet, die Funktionsblöcke werden nach aufsteigender Reihenfolge ihrer Polgüte angeordnet, jedem Funktionsblock wird die Verstärkung $V_0 = 1$ zugeordnet. Für das Tiefpaßgrundglied wird damit: $G_a = G_b = G_s = 1$; $C_c = 3Q = 1{,}816$; $C_d = (3Q)^{-1} = 0{,}5508$. Mit dem gewählten Bezugswiderstand $R_B = 1\ \text{k}\Omega$ wird $C_B = (2 f_{B1} \cdot R_B)^{-1} = 1{,}571$ nF. Alle C-Werte sind mit C_B zu multiplizieren, die realen

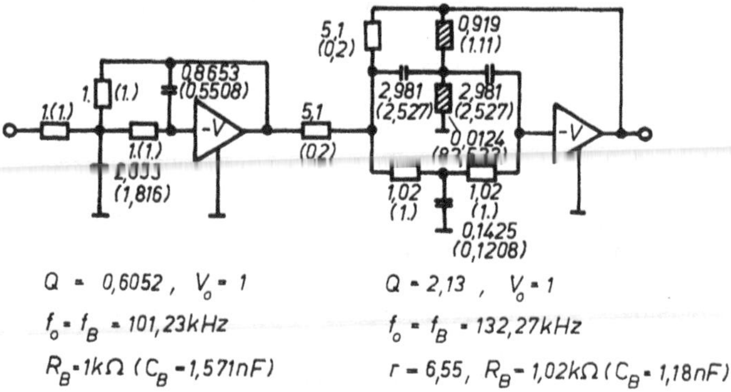

a)

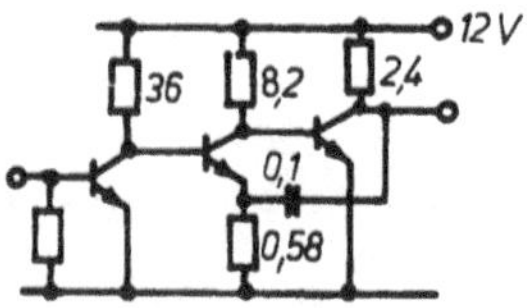

b)

Abb. 2.13 TP C $n = 4$, $\varrho = 10$, $\Theta = 22°$ mit der Grenzfrequenz 108 kHz

a) **Schaltbild, Schaltelementewerte in kΩ und nF, normierte Leitwerte und Kapazitäten in Klammern**

b) **Zugehöriger dreistufiger direktgekoppelter Verstärker, Werte in kΩ und nF.**

Widerstandswerte erhält man durch Division des Bezugswiderstandes mit den normierten Leitwerten. Für den 2. Funktionsblock wurden mit der Annahme $G_3 = 0{,}2$ die in Klammern in der Schaltung Abb. 2.13a vermerkten Leitwerte und Kapazitäten errechnet. In Abb. 2.13b ist ein möglicher aufwandsarmer dreistufiger direkt gekoppelter Verstärker angegeben. Die Frequenzkompensation erfolgt durch eine differenzierende Rückführung über zwei Stufen mit einer kleinen Kapazität. Der Widerstand am Verstärkereingang dient zur Arbeitspunktkorrektur.

Tiefpässe dieser Art können zur Fehlseitenband- und Trägerunterdrückung bei der Frequenzumsetzung in der Nachrichtentechnik angewendet werden. Auch bei der Unterdrückung der 2. und 3. Harmonischen einer stark verzerrten Spannung liefert eine solche Schaltung in einem weiten Frequenzbereich (bis 500 kHz) gute Ergebnisse. Einer Realisierung in Hybridtechnik steht nichts im Wege, in der einfachsten Form als ein Dünnschicht-Hybridbaustein mit außen angeschalteten Kapazitäten. Mit diesen Kapazitäten und den schraffierten, von außen zugängigen Widerständen kann für universelle Anwendungen praktisch jede Frequenzcharakteristik 4. Grades realisiert werden.

Beispiel 2.9

Problem: Ein Sprachtiefpaß 5. Grades mit der Grenzfrequenz 3,4 kHz und der Verstärkung 10 ist mit minimaler Anzahl von Kapazitäten und Operationsverstärkern zu entwerfen.

Lösung: Nach Katalog gilt

Pole:	Polfrequenz:	Nullstelle:
$-0{,}09577 \pm j\,1{,}0405$	1,045	$\pm j\,1{,}3916$
$-0{,}3914 \pm j\,0{,}7815$	0,8740	$\pm j\,2{,}0299$
$-0{,}6604$		

Die Zuordnung der Eigenwerte zu den Funktionsblöcken und die Reihenfolge erfolgen nach den vorgenannten Gesichtspunkten. Die hohe Verstärkung $V_0 = 10$ wird dem ersten Funktionsblock zugeordnet (kleine Güte, geringeres Rauschen). Die normierten Schaltelementewerte laut Tafel 2.14 sind wieder in Klammern angegeben. Die Bezugsleitwerte wurden so bestimmt, daß die Widerstände R_d günstige Werte annehmen.

Der Tiefpaß (Abb. 2.14) wird mit dem Operationsverstärker A 109 bei ± 6 V betrieben und liefert bei einer maximalen

Aussteuerung von +11 dB am Ausgang und einer Stromaufnahme von ca. 3 mA einen posphometrisch bewerteten Rauschausgangspegel von ca. 83 dB.

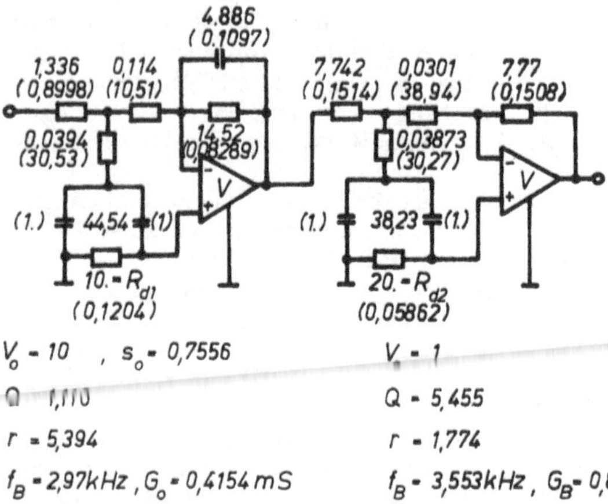

Abb. 2.14 Sprachtiefpaß 5. Grades (3,4 kHz) mit Operationsverstärkern, Schaltung mit minimaler Anzahl von Kapazitäten. Werte in kΩ und nF, normierte Leitwerte und Kapazitäten eingeklammert. Lies $\bar{\sigma}_x$ statt s_0 und G_B statt G_0

Beispiel 2.10

Problem: Entwurf eines Bandpasses ohne Nullstellen mit einer Mittenfrequenz von 1,02 kHz. Die Tiefpaßeigenwerte sind: $-0{,}56365 \pm j\,0{,}69182$; $-0{,}6901$; Bezugsfrequenz TP: 50 Hz. Die Schaltung soll mit angefachten Bandpaßgrundgliedern mit Grundgüte $Q_0 = 1$ und Mittenverstärkung $V_m = 1$ aufgebaut werden. Welche maximale Verstärkung kann erreicht werden?

Lösung: Durch Ausführung der Tiefpaß-Bandpaß-Transformation (Band II, Abschn. 4) erhält man die auf die Mittenfrequenz 1 bezogenen Bandpaßeigenwerte:

$$p_1 = -0{,}02857 \pm j\,1{,}0341 \qquad \omega_{01} = 1{,}0345 \qquad Q_1 = 18{,}105$$
$$p_2 = -0{,}02669 \pm j\,0{,}9663 \qquad \omega_{02} = 0{,}9667 \qquad Q_2 = 18{,}105$$
$$p_3 = -0{,}03383 \pm j\,0{,}9994 \qquad \omega_{03} = 1{,}0 \qquad Q_3 = 14{,}78$$

Zunächst müssen die Übertragungskonstanten K so bestimmt werden, daß jeder Funktionsblock die Mittenverstärkung 1 hat.

Die Mittenverstärkung V_m wird wie folgt berechnet:

$$T(p) = \frac{Kp\omega_0}{p^2 + \frac{\omega_0}{Q}p + \omega_0^2}; \quad T(j\omega_m) = V_m = \frac{K\omega_m\omega_0}{(\omega_0^2 - \omega_m^2)^2 + \left(\frac{\omega_0}{Q}\omega_m\right)^2}$$

$$K = \frac{V_m}{\omega_0\omega_m}\sqrt{(\omega_0^2 - \omega_m^2)^2 + \left(\frac{\omega_0}{Q}\omega_m\right)^2}$$

$$K_1 = 0{,}087489, \quad K_2 = 0{,}087409, \quad K_3 = 0{,}067659.$$

Der erste und dritte Funktionsblock sollen Inversionsschaltungen sein (Tafel 2.12 links) und der 2. eine Einsverstärkerschaltung. Für $Q_0 = 1$ und $Q = 18{,}105$ und K_1 berechnet man $x = 0{,}3208 \approx k_R$ und damit die weiteren normierten Leitwerte und Kapazitäten (eingeklammert). Die Gleichung dritten Grades lautet für den 2. Funktionsblock:

$$36{,}21\,V'^3 - 54{,}898\,V'^2 + 3{,}2160\,V' - 0{,}13833 = 0$$

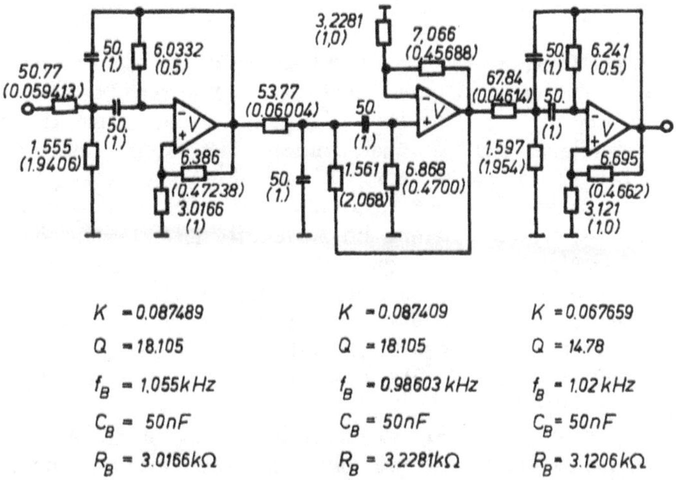

Abb. 2.15 Bandpaß 6. Grades mit der Mittenfrequenz 1,02 kHz und der Mittenverstärkung $V_m = 1$ mit angefachten Bandpaßgrundgliedern. Werte in kΩ und nF, normierte Kapazitäten und Leitwerte eingeklammert

Mit dem HORNER-Schema findet man schnell $V' = 1,4558$. Einfacher ist es, G_d vorzugeben (2. Weg), die Grundgüte weicht allerdings dann etwas von dem gewünschten Wert $Q_0 = 1$ ab. Die normierten Schaltelementewerte sind wieder in Klammern im Schaltbild eingetragen. Zur Entnormierung wurde die Bezugskapazität aller Funktionsblöcke gleich 50 nF gewählt.

Aus Tafel 2.12 (links) entnehmen wir die maximal mögliche Übertragungskonstante $K = 2Q_0 = 2(G_c = 0)$. Bei den Mittenverstärkungen $V_{m1} = 22,86$, $V_{m2} = 22,88$ (2. Funktionsblock als Inversionsschaltung angenommen) und $V_{m3} = 29,55$ gilt für die Gesamtverstärkung $V_m = 15455$. Abbildung 2.15 zeigt die normierte bzw. tatsächliche RC-aktive Gesamtschaltung.

2.3.3. *Realisierungen basierend auf passiven Bezugsnetzwerken*

2.3.3.1. *Prinzipielles*

Die Charakterisierung der Realisierungsmethode durch die vorgenannte Überschrift bedeutet eine ganz bestimmte Festlegung, die praktisch begründet ist. Eigentliche Grundlage der darzustellenden Methoden sind die Übersetzervierpole bzw. in der Fortentwicklung die p-Impedanz-Konverter, welche sich als ein Spezialfall der 6-AIK (wie bereits im Abschnitt 1.13. beschrieben) präsentieren. Hierzu gibt es eine lange Vorgeschichte, die durch viele Einzelarbeiten, die immer wieder Verbesserungen erbrachten, gekennzeichnet ist. Meisterhaft dargestellt und selbst durch zahlreiche originelle Resultate bereichert, hat W. HEINLEIN [H 1] den Entwicklungsgang geschildert.

Vorläufer stellen die Verfahren von J. G. LINVILL [L 13] — der bereits 1954 eine vergleichsweise allgemeine Methode zur Realisierung einer Übertragungsimpedanz nannte — und von T. YANAGISAWA [Y 11] dar. Dieser publizierte eine Variante mit einem Negativ-Impedanz-Konverter, der zwischen vier RC-Zweipolen eingebettet ist und ohne Einschränkung die Realisierung eines Spannungsübertragungsfaktors erlaubt. Da aber das Wirkprinzip aller NIK-Realisierungen auf einer unvorteilhaften Differenzbildung beruht, sind große Empfindlichkeiten zwangsläufig. Auch die Anwendung von Minimierungsansätzen bringt keine nennenswerten Erfolge. Einen wesentlichen Vorwärtsschritt stellt die Realisierung mit Positiv-Immittanz-Invertern (PII) dar, die als elektronisch realisierte Gyratoren besondere Bedeutung haben. Die Differenzbildung wird dabei umgangen, und typisch ist die Dualwandlung. Wie schon früher erwähnt, erzeugt ein kapazitiv belasteter Gyrator einen (im Idealfall rein induktiven) Betriebswiderstand vorwärts und ist so zum L-Ersatz prädestiniert. Allgemein läßt sich die Realisierung von Gyrator-RC-Netzwerken nur für Übertragungsfunktionen zweiten Grades durchführen [C 12], da infolge der Summenzerlegung nur ein einziges Polpaar höherer Güte verifizierbar ist. Höhergradige Funktionen lassen sich mit PII, dessen Hauptvertreter der Gyrator ist, nur vergleichsweise umständlich (z. B. mit zusätzlichen Trennverstärkern zwischen Teilübertragungsfunktionen 2. Grades) verwirklichen. Da der einfachste Fall der ausgangsseitig kapazitiv belastete Gyrator ist, welcher – zweipolmäßig am Eingang – eine Induktivität nachbildet, liegt das *Hauptanwendungsgebiet in der direkten Nachbildung* von passiven RLC-Netzwerken. Es ist ein interessantes Phänomen, daß damit gleichzeitig „bestmögliche Empfindlichkeitseigenschaften“ erzielt werden können. Im Zusammenhang mit aktiven Realisierungen hat J. Orchard [O 11] nachdrücklich auf diese Gesetzmäßigkeiten aufmerksam gemacht.

Mit Hilfe der uns aus den Tafeln II 1.5 und 1.10 bekannten Relationen erhalten wir (angewandt auf ein „Leitwertmodell“, da wir diese Darstellungsform in der aktiven Technik bevorzugen) die in Tafel 2.16 notierten Resultate. Sie verdeutlichen, daß ein *Rückgriff auf das* beidseitig mit reellen Leitwerten abgeschlossene *passive*

Tafel 2.16
Empfindlichkeitseigenschaften von passiven LC-Bezugsnetzwerken

Schaltungsmodell

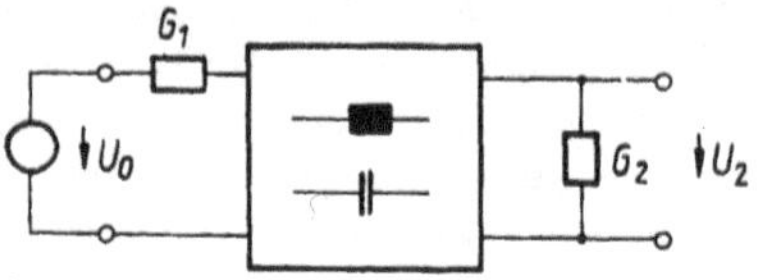

Übertragungsfaktoren

$$T(p) = \frac{U_2}{U_0} \quad \text{bzw.} \quad T_B(p) = \frac{2U_2}{U_0}\sqrt{\frac{G_2}{G_1}} = 2\sqrt{\frac{G_2}{G_1}}\,T(p)$$

Streuparameter

$$S_{\mu\mu}(p) = \frac{G - Y(p)}{G + Y(p)} \quad \text{mit} \quad \mu = 1{,}2, \quad S_{21}(p) = T_B(p)$$

Empfindlichkeitseigenschaften

Wegen

$$\frac{\partial\,|T(j\omega_{0\mu}, x_\nu)|}{\partial x_\nu} = \frac{\partial A(\omega_{0\mu}, x_\nu)}{\partial x_\nu} = 0$$

mit

$\omega_{0\mu}$ = Nullstellen der Betriebsdämpfung
$\varkappa$ = beliebiges Element des LC-Vierpols

gilt allgemein

$$S_{x_\nu}^{|T(j\omega_{0\mu}, x_\nu)|} = S_{x_\nu}^{A(\omega_{0\mu}, x_\nu)} = 0$$

im Gegensatz zu

$$S_{G_1}^{T(p)} = \frac{1}{2}(1 - S_{11}(p) \quad \text{bzw.} \quad S_{G_2}^{T(p)} = -\frac{1}{2}[1 + S_{22}(p)]$$

mit

$$S_{G_1}^{|T(j\omega)|} = \frac{1}{2}(1 - \operatorname{Re} S_{11}(j\omega)) \quad \text{bzw.} \quad S_{G_2}^{|T(j\omega)|} = -\frac{1}{2}(1 + \operatorname{Re} S_{22}(j\omega))$$

Näherung im Durchlaßbereich wegen

$$|S_{\mu\mu}(j\omega)| \to 0{:} \quad S_{G_1}^{T(j\omega)} \approx -S_{G_2}^{T(j\omega)} \approx \frac{1}{2}$$

Abschätzung:

$$\leq \frac{1}{2}(1 - |\operatorname{Re} S_{11}(j\omega)|) \leq S_{G_1}^{T(j\omega)} \leq \frac{1}{2}(1 + |\operatorname{Re} S_{11}(j\omega)|) \leq 1$$

LC-Modell grundsätzlich eine Toleranzunempfindlichkeit zur Folge hat, *die mit keiner anderen RC-aktiven Realisierungsmethode erreichbar ist.* Als weiterer praktischer Vorteil kommt hinzu, daß alle Ergebnisse der weitentwickelten passiven Entwurfstheorie (s. d. Bd. I und II) übernommen werden können. Wenn die Nennerpolynome der realisierenden PII nur Summenanteile

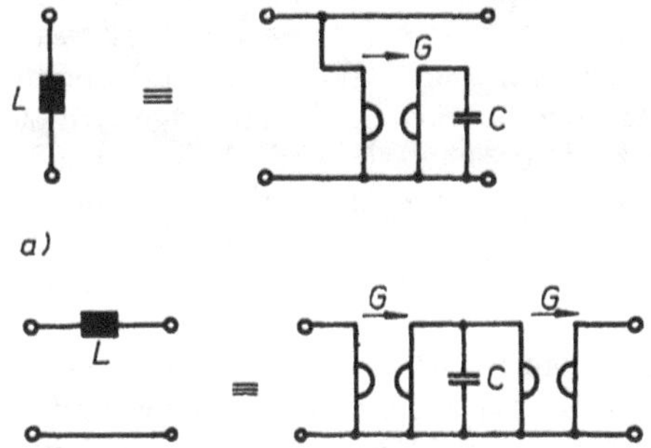

$$\begin{pmatrix} 1 & pL \\ 0 & 1 \end{pmatrix} \equiv \begin{pmatrix} 0 & \frac{1}{G} \\ G & 0 \end{pmatrix} \begin{pmatrix} 1 & 0 \\ pC & 1 \end{pmatrix} \begin{pmatrix} 0 & \frac{1}{G} \\ G & 0 \end{pmatrix}$$

b)

2.16 Aktive Nachbildung

a) eines geerdeten $L = \frac{C}{G^2}$ mit einem Gyrator

b) eines ungeerdeten $L = \frac{C}{G^2}$ mit zwei Gyratoren (Die Äquivalenz ist durch die Identität der Kettenmatrizen gegeben)

aufweisen — das setzen wir prinzipiell voraus — können wir die gleichen geringen Empfindlichkeiten, wie in den passiven Schaltungen, erwarten.

Bei der elektronischen Realisierung des Gyrators sind zunächst nur geerdete Induktivitäten nachbildbar. Somit wird der in Abb. 2.16a skizzierte „einfache Fall" nur bei speziellen Strukturen vorkommen. (Beispiele sind u. a. Hochpässe und spezielle Bandpässe nach

Abb. 2.29). Häufig vorkommende Tiefpaß- und Bandpaßformen dagegen weisen im Regelfall ungeerdete Induktivitäten auf, die entweder durch „mehr aktiven Aufwand" (d. h. zwei PII für die Simulation einer Induktivität, Abb. 2.26b erläutert die Anordnung und die Äquivalenz) oder durch „schwimmende" PII [H 1], [S 26] verwirklicht werden können. Eine weitere Variante besteht darin, von „angepaßten — auch nichtkanonischen —" passiven Strukturen (z. B. mit Induktivitätsdreiecken [B 15]) auszugehen. Alle diese Lösungen — obwohl sehr viel Ingenieurarbeit dafür aufgewendet wurde — sind nicht ohne Schwächen, deshalb konzentrieren wir uns auf die Realisierungen mit dem „frequenzabhängigen PII", der in Form des p-I-K (s. Abschnitt 1.1.3.) einen universellen Ausweg aus diesen Schwierigkeiten darstellt.

Zuvor verweisen wir noch auf *Wellennetzwerke*. Diese, spezieller auch als *Wellenfilter* bekannte, Realisierungsvariante basiert auf der Nachbildung eines Betriebsübertragungsfaktors, dessen passive Realisierung bekannt ist. Theoretisch ist diese Methode identisch mit der Realisierung der Matrizendarstellung des Übertragungsfaktors und wurde u. a. in [C 13], [S 27], [W 12] mit vielen Details untersucht. Die eigentliche *LC*-Nachbildung geschieht dadurch, daß jedes Reaktanzelement als „Teilvierpol" dargestellt wird, Streuparameter als Beschreibungshilfsmittel herangezogen werden und schließlich durch geeignete Kettenschaltung der Teilvierpole unter Beachtung der Flußrichtung ein Gesamtvierpol entsteht, der elektronisch verwirklichbar ist, u. a. ist dabei eine Zusammenfassung von Reaktanzen (z. B. in Form einer Schwingkreistransformation) möglich und vorteilhaft. Ergänzende experimentelle Nachprüfungen haben gezeigt, daß bei beachtlichem Aufwand (z. B. für einen TP C n = 3 sind 6 OV, 7 R und 7 C notwendig) die ursprünglichen Erwartungen hinsichtlich der praktischen Leistungsfähigkeit nicht erfüllt wurden. Wir verzichten deshalb hier auf Einzelheiten dazu und verweisen auf Spezialliteratur.

2.3.3.2. Realisierung von Konverternetzwerken

Startpunkt für solche Realisierungen sind stets *LC*-Kettenvierpole, die nach den in Band II vorgestellten Regeln zu entwerfen sind. Unter Beachtung von leicht erklärbaren Besonderheiten, können diese passiven Strukturen so gestaltet werden, daß in jedem Falle nur geerdete Induktivitäten oder/und geerdete Superkapazitäten (2. Ordnung) vorkommen. Damit sind alle Voraussetzungen gegeben, durch „direkten elektronischen" Ersatz diese Elemente nachzubilden und Verwirklichungen im Sinne der Mikroelektronik zu finden. Die bei Gyratornetzwerken i. a. notwendige Realisierung „schwimmender" (oder nichtgeerdeter) Induktivitäten entfällt durch die Einbeziehung der Superkapazitäten. Außerdem sei daran erinnert, daß die Konverterausführung nur eine Vervollkommnung der Gyratormethode darstellt, die mit *einem* „Baustein" — dem p-Impedanz-Konverter, beschaltet mit reeller Last oder beschaltet mit kapazitiver Last im Rückwärtsbetrieb oder „unbeschaltet" als Transformationsvierpol — die geforderte Nachbildungsaufgabe löst.

Allgemeine *LC*-Kettenvierpole als passive Bezugsnetzwerke

Aus den früheren Ausführungen wissen wir, daß bei allgemeinen Vorschriften kopplungsfreie *LC*-Kettenvierpole als passive Realisierungen zu erwarten sind. (Als Beispiel erinnern wir an die „Zick-Zack-Schaltung" in Abb. II 2.36). Praktisch orientiert, können wir von den (tatsächlich am häufigsten) vorkommenden *Bandpaßformen* ausgehen. Wenn der Abspaltprozeß (Kettenentwicklung) so gestaltet wird, daß ein Tiefpaß- *und* ein Hochpaßteil (Abb. 2.17a) entstehen, so ist bereits die notwendige Bedingung für geerdete $C_{(2)}$ — gehörend zum Tiefpaßteil — und für geerdete L (gehörend zum Hochpaßteil) garantiert. Eine „spulenarme" Ausführung des Hochpaßteiles ist sofort identisch mit nur geerdeten

Induktivitäten, während die „spulenreiche“ Ausführung des Tiefpaßteiles erst nach einer BRUTON-Transformation zu den gewünschten geerdeten Superkapazitäten führt. Zur Sicherung der Äquivalenz ist dazu (gemäß Tafel 1.6)

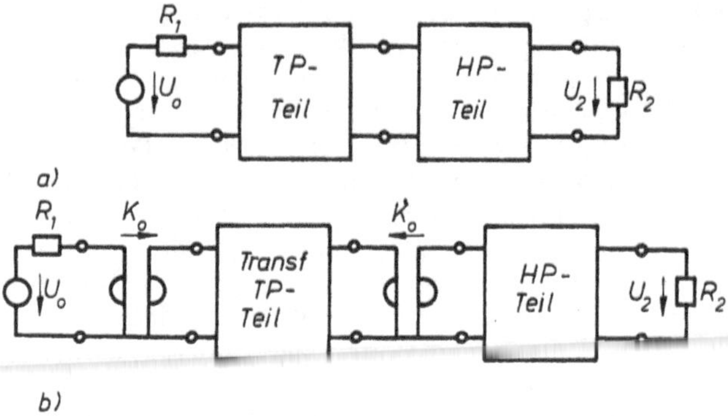

Abb. 2.17 Beidseitig beschalteter LC-Bandpaß

a) realisiert als Kettenschaltung eines TP- und eines HP-Teiles

b) zu a) äquivalenter Gesamtvierpol mit transformiertem TP-Teil

die „Einbettung des transformierten Tiefpaßteiles zwischen zwei p-I-K“ entsprechend Abb. 2.17b notwendig. Die Abb. 2.18a···d erläutern diese Grundidee an einem leicht überblickbaren Beispiel. Die Dämpfungsvorschrift kann (bei beidseitiger Beschaltung, d. h. im Sinne eines Betriebsübertragungsfaktors) durch eine Struktur nach Abb. 2.18b realisiert werden. (Aus dem Sperrstellensatz erkennen wir sofort diese qualitative Aussage.)

Den ursprünglichen Tiefpaßteil können wir klemmenäquivalent durch eine Kettenschaltung

p-I-K-VP → Transformierter Tiefpaßteil → p-I-K im Rückwärtsbetrieb

ersetzen. Daraus resultiert Abb. 2.18c. Es ist offenbar, daß der erwünschte Aufbau (1 Superkapazität, geerdet, und 2 geerdete Induktivitäten) entstanden ist. Aufwandmäßig würden wir somit, wenn zwei OV für jeden Kon-

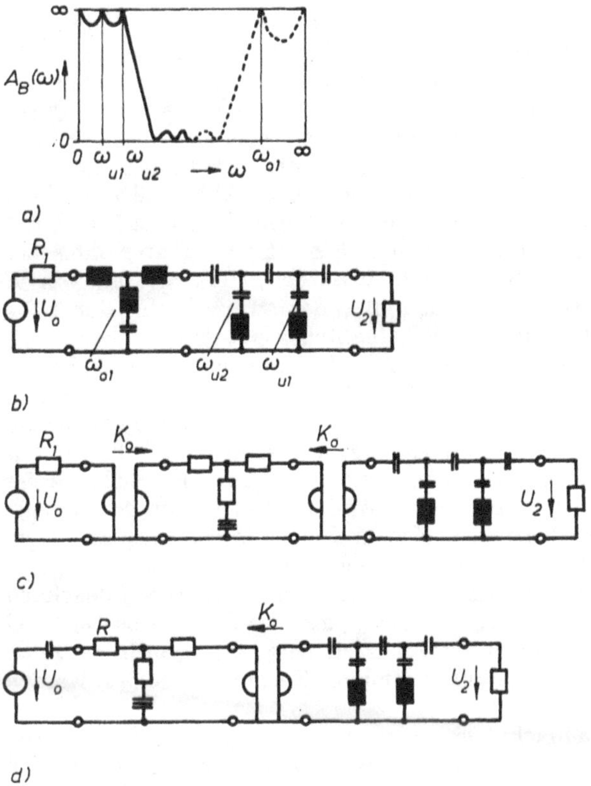

Abb. 2.18 Spezieller *LC*-Bandpaß

a) Dämpfungs-Charakteristik
b) für Konvertereinsatz geeignete Realisierung
c) zu b) äquivalente Realisierung mit einer Superkapazität und zwei p-I-K
d) zu b) übertragungsäquivalente Realisierung mit einer Superkapazität und einem p-I-K.

verter angesetzt werden, 10 OV zur aktiven Realisierung benötigen. Im vorliegenden Fall kann diese (im Vergleich zur Kaskade, wo wir beim Einsatz von Funktionsblöcken zweiten Grades mit „nur“ 4 OV auskommen würden) um zwei OV reduziert werden, wenn auf den „ersten“ Konverter verzichtet wird. Dann verlangt die „eingangsseitige“ Anpassung die Bruton-Transformation des Quellwiderstandes. Abbildung 2.18d zeigt den Sachverhalt. Bei dieser Vereinfachung ist die Anordnung *nur noch übertragungsäquivalent* gegenüber Abb. 2.18b und c, was aber praktisch in vielen Anwendungen nur verlangt wird und deshalb genügt. Ein oft verfügbarer ohmscher Quellwiderstand entsteht durch „Herausziehen von R (oder einem Teil davon)“, der zwangsläufig durch die Transformation des Tiefpaßteiles entsteht.

Auch bei allgemeinen LC-Kettenschaltungen sind diese Erkenntnisse anwendbar, obgleich sich feste Regeln naturgemäß nicht nennen lassen. Als besonders hartnäckig erweisen sich, wie man leicht nachprüfen kann, Bandsperren, da bei diesen von Haus aus nur Reihenkreise in den Querzweigen und Parallelkreise in den Längszweigen brauchbar sind und eine Transformation vorgenannter Art immer „schwimmende“ Nachbildungselemente zur Folge hat. Das schmälert aber tatsächlich nur geringfügig diesen „universellen“ Ansatz, weil solche Frequenzaufteilungen eine untergeordnete Rolle spielen bzw. durch andere Techniken gelöst werden können.

Vereinfachungen werden bei Tiefpässen, Hochpässen und in Einzelfällen bei Bandpässen mit nur einem Pol im unteren Sperrbereich bei $\omega = 0$ bzw. im oberen Sperrbereich bei $\omega = \infty$ wirksam. Die Abb. 2.19 zeigt dazu Beispiele für passive LC-Strukturen und daraus herleitbare Formen für den Konvertereinsatz. Wenn es nur auf Übertragungsäquivalenz ankommt (was wir u. a. unterstellen), so können in diesen Sonderfällen die Transformations-Konverter entfallen, was einer Einsparung an aktivem Aufwand gleichkommt. HP und BP mit nur einem Dämpfungspol im oberen Sperrbereich bei $\omega = \infty$ bedürfen keiner zusätzlichen Transformation, da die nachzubildenden L geerdet vorkommen. Die

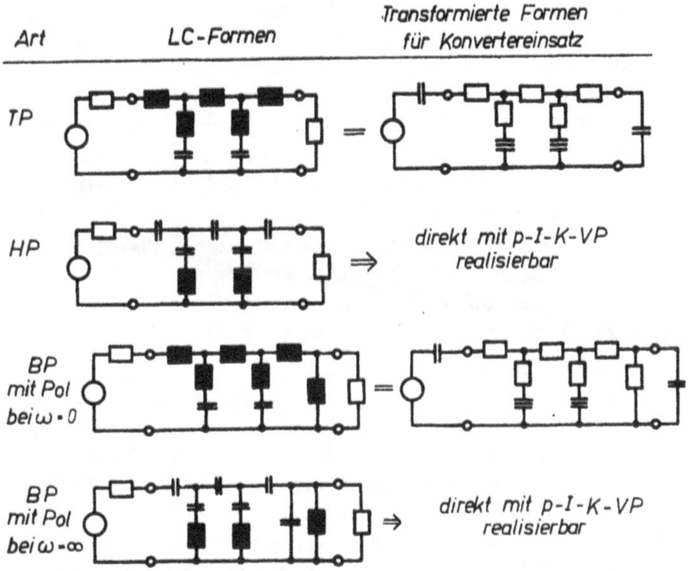

Abb. 2.19 Spezielle LC-Strukturen, die bei der aktiven Realisierung keine Transformations-p-I-K-VP benötigen, wenn es nur (im TP- und BP-Fall mit einem Pol bei $\omega = 0$) auf Übertragungsäquivalenz ankommt.

gewünschten ohmschen Abschlußwiderstände sind in allen gezeichneten Beispielfällen vorhanden. Auch einseitig beschaltete LC-Vierpole lassen sich prinzipiell auf gleiche Weise umwandeln und demgemäß realisieren.

Eigenschaften nichtidealer Konverter

Obwohl die vorgestellte Methode eine Art universelle Lösung darstellt — basierend auf den vorteilhaften Empfindlichkeitsmerkmalen der aus der passiven Technik geläufigen LC-Modelle —, ist auch hier ein Unterschied zwischen Theorie und Praxis. Speziell Filter mit steilen Dämpfungsflanken (die naturgemäß höhergradig sind)

sind empfindlich gegen Schwankungen der Bauelemente. Besonders durch parasitäres Verhalten der Verstärker und bei höheren Frequenzen werden die Abweichungen zwischen Soll- und Istergebnissen weiter vergrößert.

Es liegt deshalb nahe, bereits beim Entwurf diese Einflüsse zu berücksichtigen, damit unverwünschte Verfälschungen von anfang an klein gehalten werden. Das kann geschehen durch

— „bestmögliche Dimensionierung" der Konverter,
— Einrechnung der parasitären Konverterelemente in die nachzubildende Netzwerkstruktur und durch
— Kompensation der parasitären Konverterelemente.

Die natürlichste Möglichkeit, bessere Resultate zu erzielen, besteht darin, bessere Bauelemente — hier speziell bessere OV — einzusetzen. Da hier Grenzen gesetzt sind, liegt es auf der Hand, mit verfeinerten Elementemodellen zu rechnen und deren Einfluß zu studieren [M 12]. R. Thimm [T 12] hat die Untersuchung nichtidealer Impedanzkonverter ausführlich und zugleich „anschaulich" durchgeführt. Durch den Bezug auf Ersatzbilder für nichtideal simulierte Spulen bzw. Superkondensatoren — die sich „dual" entsprechen — leitet er unter praktischen Bedingungen (z. B. gleiche Verstärkungen, die sich durch Doppel-OV auf einem Halbleiterchip hinreichend genau realisieren lassen) eine „genauere" Konverterdimensionierung ab.

Grundlage sind dabei allgemeine Gütefunktionen der Art

$$Q_{\mathrm{L}} = -\frac{J_{\mathrm{m}} Y_{\mathrm{L}}}{R_{\mathrm{e}} Y_{\mathrm{L}}} \qquad (2.39) \qquad Q_{\mathrm{C(2)}} = -\frac{R_{\mathrm{e}} Z_{\mathrm{C(2)}}}{J_{\mathrm{m}} Z_{\mathrm{C(2)}}}$$

bei der Spule | beim Superkondensator

wobei

$$Y_{\mathrm{L}} = G_{,,} + j\omega C_{,,} + \frac{1}{R_{\mathrm{v}} + j\omega L} \qquad Z_{\mathrm{C(2)}} = R_{\mathrm{r}} + \frac{1}{j\omega C_{\mathrm{r}}} + \frac{1}{j\omega C_{\mathrm{v}} + (j\omega)^2 C_{(2)}}$$

die verlustbehaftete

L-Admittanz	$C_{(2)}$-Impedanz

darstellen.

Unter der Voraussetzung

$R_v \ll \omega L$	$C_v \ll \omega C_{(2)}$

gehören dazu die Kennfunktionen

$$Q_L = \frac{1 - \omega^2 C_{,,} L}{\omega L G_{,,} + \dfrac{R_v}{\omega L}} \quad (2.39\,a) \quad Q_{C(2)} = \frac{1 - \omega^2 R_r C_{(2)}}{\dfrac{\omega C_{(2)}}{C_r} + \dfrac{C_v}{\omega C_{(2)}}}$$

die als Sonderfälle, z. B. bei

$C_{,,} = 0$	$R_r = 0$

zu den bekannten Ersatzbildern mit 3 Elementen führen. In Abhängigkeit von OV-Kenndaten können Gütemaxima entstehen. Für die Praxis ist wichtig, daß oberhalb

$$f_g = \sqrt{V(0)} \cdot f_k \tag{2.40}$$

kein solches Maximum mehr möglich ist.

Die *Kompensation* parasitärer Effekte wird zweckmäßig durch geeignet eingefügte reelle Widerstände vorgenommen. In [T 12] werden dazu explizite Bemessungsformeln entwickelt.

Beispiel 2.11

Kennenlernen einer vereinfachten $C_{(2)}$-Realisierung mit einem OV

Gegeben: RC-aktive Schaltung mit einem OV (BP-Grundglied), wie in Abb. 2.20a skizziert.

Gesucht:

1. $\frac{U_1}{U_0}$ in allgemeiner Form und deren „Deutung als Spannungsteiler"?

2. Bemessungsgleichungen für die Nachbildung einer Superkapazität $C_{(2)}$, die durch $C_v = 2C$ (herrührend von gleichgroßen C_1 und C_2 oder $C_1 = C_2 = C$) „bedämpft" wird, bei der Vorgabe

von

$$Q_{C(s)} = \frac{\omega_a C_{(2)}}{C_v} \quad \text{(als Sonderfall von 2.39a)}$$

mit ebenfalls bekannter „Arbeitsfrequenz“ ω_a.
Zahlenwerte für $Q = 10$, $\omega_a = 1$ und $C_{(2)} = 2$.

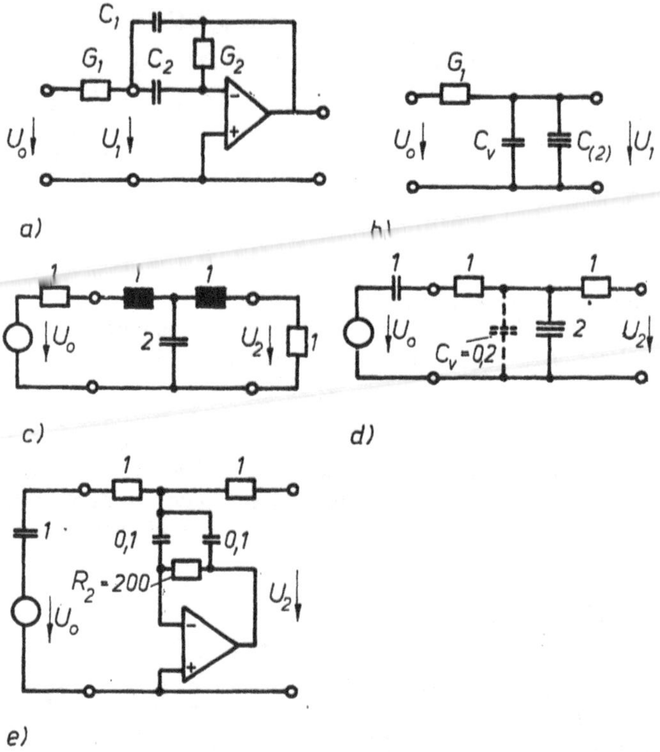

Abb. 2.20 Verlustbehaftete Nachbildung einer Superkapazität mit einem OV

a) RC-aktives BP-Grundfilter b) Ersatzbild für $\frac{U_1}{U_0}$
c) Passives LC-Netzwerk, daß TP P $n = 3$, $\vartheta = 1$, $\ddot{u}^2 = 1$ realisiert
d) Übertragungsäquivalentes Netzwerk zu c)
e) aktive Realisierung von d)
(in d) und e) jeweils Abschluß $C = 1$

3. Aktive Realisierung eines TP P n = 3, $\delta = 1$, $\ddot{u}^2 = 1$ mit einer verlustbehafteten Superkapazität.

Lösung:
Zu 1. Mit den bekannten Analysemethoden finden wir

$$\frac{U_1}{U_0} = \frac{G_1}{G_1 + (C_1 + C_2)\,p + \frac{C_1 C_2}{G_2}\,p^2} = \frac{G_1}{G_1 + Y},$$

wobei Y die Parallelschaltung einer Superkapazität $C_{(2)}$ mit einer herkömmlichen Kapazität $C_v = C_1 + C_2$ darstellt. Der Formelausdruck kann direkt durch eine Ersatzschaltung, wie in Abb. 2.30b skizziert, gedeutet werden. Wenn U_1 als Ausgangsgröße betrachtet wird, realisiert damit das vorgegebene BP-Grundglied eine (spezielle) verlustbehaftete Superkapazität mit

$$R_r = \frac{1}{G_1},\ C_r = 0,\ C_v = C_1 + C_2,\ C_{(2)} = \frac{C_1 C_2}{G_2}.$$

Zu 2. Aus $C_v = C_1 + C_2 = 2C = \frac{\omega_a C_{(2)}}{Q_{C(2)}}$ und $C_{(2)} = \frac{C_1 C_2}{G_2}$ folgen direkt die Bemessungsgleichungen

$$C = \frac{\omega_a C_{(2)}}{2 Q_{C(2)}} \quad \text{und} \quad G_2 = \frac{C^2}{C_{(2)}}.$$

Die Zahlenwerte finden wir bei $Q = 10$, $\omega_a = 1$, $C_{(2)} = 2$:

$$C = 0{,}1, \qquad G_2 = 0{,}005.$$

Manchmal läßt sich ein solch „extremer" Schaltelementeunterschied nur bedingt realisieren. Gegebenenfalls müssen kleinere $Q_{C(2)}$-Werte gewählt werden. (Am besten ist es, wenn schon „verlustbehaftete passive Bezugselemente" zur Verfügung stehen, weil dann „fehlerfrei" eine aktive Ausführung möglich ist.)

Zu 3. Wie bekannt, realisiert passiv eine „spulenreiche" Schaltung nach Abb. 2.30c den geforderten Tiefpaßtyp. Durch Bruton-Transformation erhalten wir daraus mit $K_0 = 1$ und den Gleichungen (1.17) eine Struktur und Bemessung, wie in Abb. 2.30d gezeichnet. Die nunmehr zu realisierende Superkapazität $C_{(2)}$ kann (nach den Erkenntnissen in 2. „verlustbehaftet" mit einem OV aktiv simuliert werden. Mit den bereits aus 2. bekannten Zahlenwerten erhalten wir schließlich einen Aufbau, wie in Abb. 2.30e skizziert.

2.3.3.3. Praktische Probleme und Anwendungen

Nach dem Aufzeigen der theoretischen Grundlagen in den vorangegangenen Abschnitten ist es noch sehr wichtig, Entwurfsrichtlinien für den praktischen Aufbau von (nach Möglichkeit unbedingt) stabilen aktiven Schaltungen zu kennen.

Dazu liegt zunächst außerordentlich viel Erfahrung für die *Realisierung von Gyratoren* vor, u. a. können wertvolle Resultate in [B 15] [H 1] [H 14] [S 26] [Z 11] nachgelesen werden. Wie schon früher erwähnt, sind tatsächlich nur solche elektronischen Gyratorrealisierungen interessant, die auf dem Prinzip der passiv oder aktiv *gegengekoppelten* Verstärker beruhen. Insbesondere gelingt es rechnerisch, die innere Güteanfachung (infolge der zusätzlichen Phasendrehungen der Verstärker) übersichtlich zu erfassen. Zusätzlich ist auch — wohldosiert — eine „künstliche" Güteanfachung brauchbar, wobei als zahlenmäßiger Richtwert $2 \cdots 5$ angebracht scheint. (Der gleiche Wert wurde bereits bei der Kaskadentechnik als praktikabel empfohlen.) Insgesamt ist bemerkenswert, daß die entscheidenden Güteempfindlichkeiten des unbedingt stabilen Gyrators mit denen passiver Kreise vergleichbar sind. Für die Konstanz der Vierpoleigenschaften des Gyrators sind speziell konstante Gyrationswiderstände bzw. konstante Verstärkungswerte wichtig. Wenn keine „micro-power" OV mit ausreichendem Verstärkungsbandbreiteprodukt (gleichbedeutend mit hinreichend großer Transitfrequenz f_t) zur Verfügung stehen, kann es vorteilhaft sein, Verstärker mit diskreten Elementen aufzubauen. Wie in der zuvor genannten Literatur nachgelesen werden kann, sind speziell bei (vorwiegend) geerdeten Induktivitäten in den passiven Bezugsnetzwerken stabile *RC*-aktive Schaltungen auf der Basis von Gyratorrealisierungen zu verwirklichen [B 16] [G 18].

Universeller, weil das Problem „schwimmender Induktivitäten" umgangen werden kann, ist das Konzept der *Konverterrealisierungen*. Da letztlich die gleiche theoretische Grundform (Leitwerte mit zwei OV) wie beim Gyrator zugrunde liegt, sind die bekannten Resultate prinzipiell nutzbar. Praktisch muß auch hier davon ausgegangen werden, daß die einzusetzenden Konverter nicht ideal sind. Hauptursache ist das reale Verhalten der OV. Eine weitere – ebenfalls schon erwähnte – Verfeinerung besteht darin, schon bei der Realisierung des passiven Bezugsnetzwerkes das „verlustbehaftete Konverterersatzbild" zu berücksichtigen. Dabei ist aus einleuchtenden Gründen anzustreben, daß die Ausgleichselemente der passiven Netzwerkstruktur sehr viel größer als die „Störgrößen" sind, damit unvermeidliche Abweichungen nur hinreichend gering in die geforderte Vorschrift eingehen. Damit nicht erfaßbare parasitäre Konverterelemente können dann noch durch zusätzliche Kompensationselemente ausgeglichen werden. Tatsächlich ist dieses Vorgehen ein kompliziertes „Abgleichproblem", was an spezielle Erfahrungen gebunden ist. Aufgrund dieser aussichtsreichen Möglichkeiten ist der Entwurf von Filtern der kommerziellen Nachrichtentechnik vorgenommen worden. Beispiele dafür finden wir u. a. in [B 15] [K 11] [S 25] [T 13] [T 14]. Wir begnügen uns nachstehend mit einem Beispiel bei vergleichsweise hohen Frequenzen, das als Drei-Konverter-Variante tatsächlich aufgebaut und erprobt wurde.

Beispiel 2.12

Vertrautwerden mit der Konverterrealisierung eines 108 kHz-TP 4. Grades

Gegeben: Toleranzfeld einschließlich Dämpfungscharakteristik (Abb. 2.21a) und zugehöriges passives *LC*-Netzwerk TP C_b $n = 4$, $\varrho = 10\%$, $\Theta = 22°$ (Abb. 2.31b).

Gesucht:
Realisierung als Konverterfilter in den Stufen

1. Transformiertes äquivalentes bzw. (nur) übertragungsäquivalentes Netzwerk zu Abb. 2.31b
2. Bemessung des Konverters bei einer *T*-Struktur, wenn OV

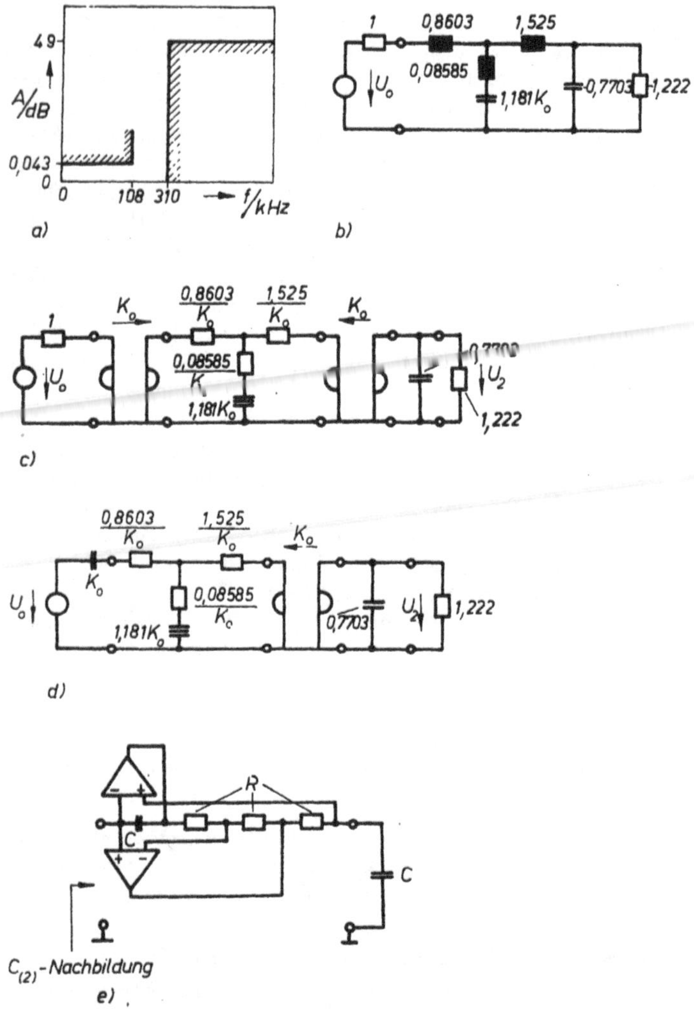
49
A/dB
0,043
0
0
108
310
f/kHz
a)
1
0,8603
1,525
0,08585
1,181 K₀
0,7703
1,222
b)
c)
d)
R
C
C
C(2)-Nachbildung
e)

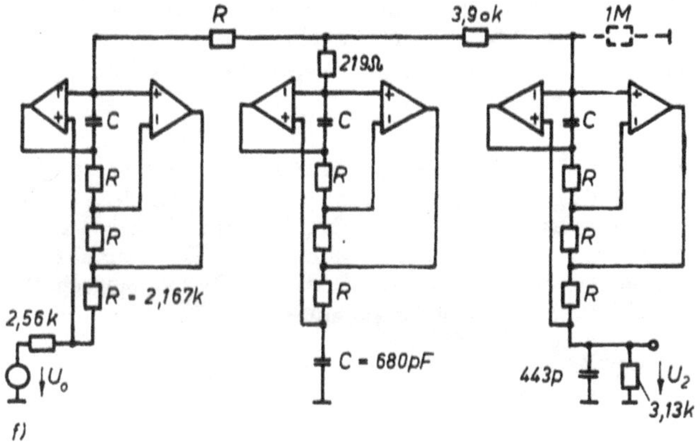

f)

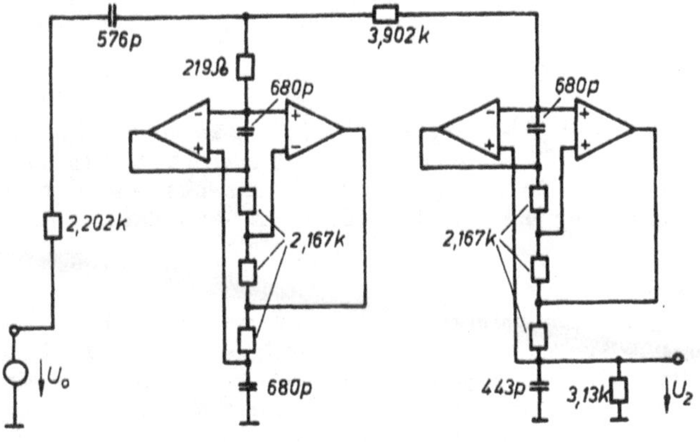

g)

Abb. 2.21 **Realisierungen für Konverterfilter**

a) Dämpfungstoleranzfeld
b) Normiertes Bezugsnetzwerk
c) Transformiertes Bezugsnetzwerk mit zwei p-I-K-Vierpolen
d) (Übertragungsäquivalentes) transformiertes Bezugsnetzwerk mit einem p-I-K-Vierpol
e) T-Struktur mit 2 gleichgroßen C und 3 gleichgroßen $G = \frac{1}{R}$
f) Konverterrealisierung mit zwei p-I-K-Vierpolen
g) Konverterrealisierung mit einem p-I-K-Vierpol

der Type μA 715 gewählt werden (vereinfachend sei $G_2 = G_6 = pC$ und $G_3 = G_4 = G_5 = G$ gewählt).

3. Tatsächliche Konverterrealisierungen für die zwei unter 1. genannten Varianten.

Lösung:

zu 1. Die zu Abb. 2.21a gehörenden transformierten Strukturen mit p-I-K-Vierpolen und Superkapazitäten — im Beispielsfall entsteht nur eine — sind in Abb. 2.31c und d skizziert. Im letztgenannten Fall wird nur eine Übertragungsäquivalenz verwirklicht (und dafür ein Konvertervierpol eingespart). Für die Umrechnung sind die bekannten Gleichungen

$$R' = \frac{L}{K_0}, \quad C' = \frac{K_0}{R}, \quad C'_{(2)} = K_0 C \tag{1.17}$$

anzuwenden.

zu 2.: Abb. 2.21e zeigt den Aufbau der *T*-Struktur. Eine optimale Bemessung wird bei der Nachbildung einer Superkapazität erreicht, wenn nach [M 12]

$$\omega_a CR = 1 \tag{2.41}$$

gewählt wird. Als Arbeitsfrequenz ω_a wählen wir $\omega_B = 2\pi \times 108{,}10^3$ rad s^{-1}. Aus dem Datenblatt für den μA 715 entnehmen wir ein $R \approx 2{,}2$ kΩ (= günstigster Arbeitswiderstand hinsichtlich Belastung und Rauschen). Damit ist wegen (2.41)

$$C \approx 670 \text{ pF}$$

festgelegt.

Da der nächste Normwert $C = 680$ pF, wählen wir diesen und erhalten damit den korrigierten *R*-Wert: $R = 2{,}167$ kΩ. (*C* und *R* sind wirkliche Schaltelementegrößen. Die angefügten Einheiten weisen darauf hin. Damit die Entnormierung verständlich wird, fügen wir bei den folgenden Mischformen zwischen normierten und wirklichen Größen den Index *n* als Hinweis auf einen normierten Wert gesondert hinzu.)

zu 3. Allgemein (s. d. I, Abschn. 1.3) gelten in Verbindung mit (1.17) die *Entnormierungs*gleichungen

$$\begin{gathered} R = R_n R_B, \quad C' = C_n \frac{1}{\omega_B R_B}, \\ C'_{(2)} = C_{(2)n} \frac{1}{\omega_B^2 R_B}, \quad K_0 = K_{0n} \frac{1}{\omega_B}. \end{gathered} \tag{2.42}$$

Das noch wählbare R_B berechnen wir (im Beispielsfall) aus der (normierten) nachzubildenden Superkapazität $C_{(2)n}$ mit der Beziehung

$$R_B = C_{(2)n}R = 2{,}56\ \text{k}\Omega$$

Durch Entnormierung gemäß (2.42) finden wir schließlich die in den Abb. 2.31f und g skizzierten Strukturen. Die Schaltung nach Abb. 2.21f wurde aufgebaut und nachgemessen. Hinsichtlich des Klirr-, Dynamik-, Rausch- und Temperaturverhaltens wurden gute bis sehr gute Resultate gefunden [T 14].

Ergänzungen:

Die Dimensionierung der Konverter ist hier unter vereinfachten Bedingungen vorgenommen worden. Grundlegend ist die Anpassungsbeziehung $\omega_a C = G$. Während i. a. bei der A- bzw. T-Struktur die „inneren Leitwerte" $G_3 = G_4$ mit der Belastungsgrenze identisch sind, sollten die „Randleitwerte" $\omega_a C_5$ und G_2 an die „Anschlußgrößen" (bei der L-Nachbildung $\omega_a C_5 = G_6$, und G_2 bestimmt den Zahlenwert von L, bei der $C_{(2)}$-Nachbildung $G_2 = \omega_a C_1$, und G_5 bestimmt den Zahlenwert von $C_{(2)}$, beim Einsatz als Transformations-Vierpol ist beidseitig auf Anpassung zu achten) angepaßt werden. Ein konfektionierter Konverter müßte deshalb über Klemmen für diese Randleitwerte verfügen, die aufgrund spezieller Daten zu beschalten sind.

Der mikroelektronischen Realisierbarkeit kann man u. a. entgegenkommen, wenn man im HP-Teil R'- und $L'_{(2)}$-Elemente einsetzt und dadurch die „konverterfremden" Kapazitäten vermeidet.

Insgesamt liegt hier noch ein — in vielen Details — unbestelltes Feld vor.

2.3.4. *Realisierungen mit Mehrfachkopplungen*

2.3.4.1. *Prinzipielles*

Wie schon aus Abschnitt 2.3.1. bekannt, sind die mehrfachgekoppelten Realisierungen eine Hybridform. Aufbauelemente sind, wie bei der Kaskadentechnik,

Tafel 2.17
Signalflußdiagramme elementarer Übertragungsglieder

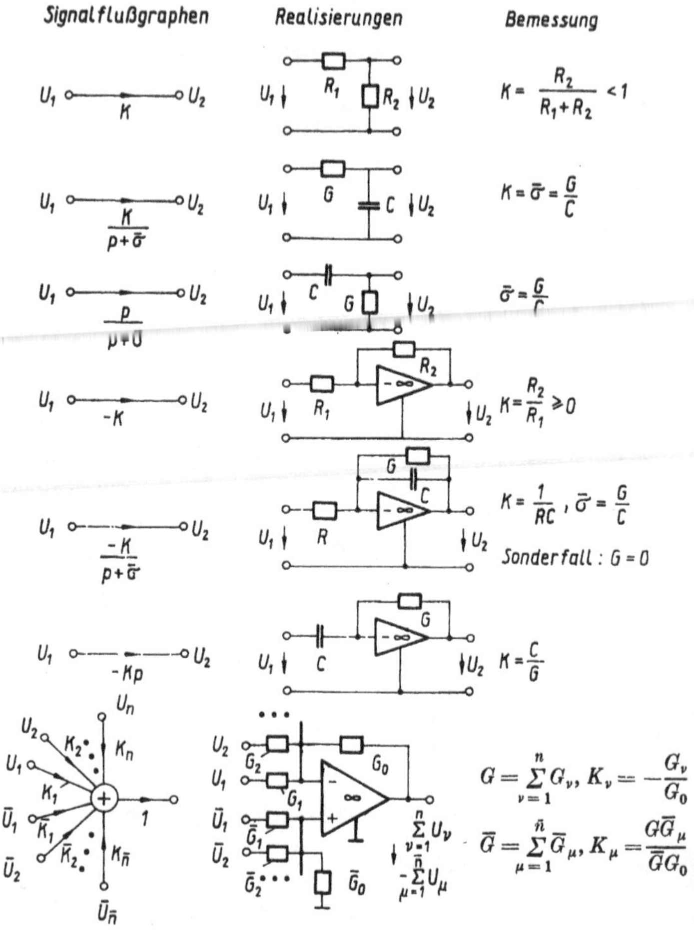

Funktionsblöcke, die durch zusätzliche Rück- oder/und Vorwärtskopplungen vermascht sind.

Historischer und mehr praktischer Hintergrund waren zunächst *Analogrechnerschaltungen*, die auf der Nachbildung gewöhnlicher linearer Differentialgleichungen mit konstanten Koeffizienten beruhen [S 1], [W 11]. Die Beschreibung durch *Signalflußdiagramme* (das sind orientierte lineare Graphen mit Bewertungsfunktionen zur Darstellung von Strom-Spannungs-Beziehungen) ist die zugeschnittene Methode, um übersichtlich zu Resultaten zu gelangen. Einzelheiten dazu s. u. [M 1], [T 1], [F 3]. Tafel 2.17 zeigt im Überblick ausgewählte Signalflußdiagramme und deren „Analogrechnerbausteine". Aus praktischen Gründen werden durchweg Integratorstufen bevorzugt, und die zugehörigen aktiven Ausführungen nennen wir (klassisches) *Integratornetzwerk*. Rationell können solche Strukturen aus *RLC*-Bezugsnetzwerken hergeleitet werden, wobei der Rückgriff auf kanonische Strukturen ohne Gegeninduktivitäten typisch ist.

Ausdrücklich sei ergänzt: Integratornetzwerke im vorgenannten Sinne können auch direkt von einer bekannten Übertragungsfunktion gewonnen werden. In [H 1] sind dazu Beispiele aufgeführt. Zusammenfassend können wir sagen, daß auf diese Weise ein verallgemeinerter Zugang zu den früher entwickelten „Integratorschleifen" (Abschnitte 1.1.4. und 1.3.3.) hergestellt wird.

Eine Verallgemeinerung dieses Prinzips durch Nachbildung des „Signalflußbildes" von passiven Bezugsnetzwerken, d. h. vorzugsweise von kopplungsfreien Kettenvierpolen mit Mitteln der Analogrechentechnik, wurde konsequent zuerst von J. Gensel [G 16], [G 17] durchgeführt. Mathematischer Hintergrund dieser Betrachtung ist die *Zustandsbeschreibung*. Wie schon aus Abschnitt 1.2.2.4. bekannt, bildet ein System linear unabhängiger induktiver Ströme und kapazitiver Spannungen des *LC*-Bezugsnetzwerkes den Zustandsvektor $\boldsymbol{x}$. Nach (1.41) gilt im Bildbereich

$$pX = AX + bU \tag{2.43}$$

$$W = cX + dU \tag{2.44}$$

für ein Einfachsystem (d. h. ein Eingang und ein Ausgang). (2.55a) umgestellt führt auf die Form

$$X = A\left(\frac{1}{p}X\right) + b\left(\frac{1}{p}U\right), \tag{2.45}$$

wobei das erste Glied auf der rechten Seite zum Ausdruck bringt, daß die integrierten Zustandsgrößen mit Elementen von A zu wichten sind, und das zweite Glied aussagt, daß es sich um eine Überlagerung der integrierten und bewerteten Ursachengröße handelt. Deuten wir die Elemente von A als Koppelgrößen, so charakterisiert Abb. 2.22 das zugehörige Signalflußbild.

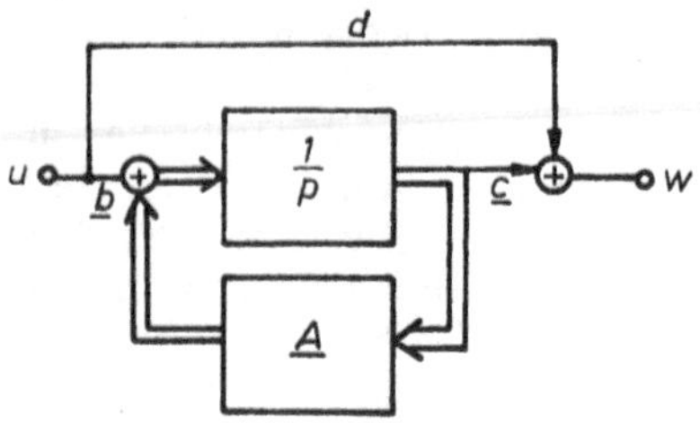

Abb. 2.22 Signalflußdiagramm eines Integratornetzwerkes (⇒ △ Hinweis auf „Matrizenverknüpfung")

Ausgehend von einem *LC*-Bezugsnetzwerk gelangen wir durch folgende Schritte zum klassischen Integratornetzwerk:

1. Aufstellung der Maschen- und Knotengleichungen in Zustandsgrößenform.

2. Darstellung in Matrizenform mit der Zielstellung, daß der frequenzabhängige Teil beim Zustandsvektor konzentriert ist.

3. Transformation der Matrizengleichung mit dem Ziel, daß der Erregungsvektor als Spaltenvektor nur ein von Null verschiedenes Element 1 in der ersten Spalte (also am Eingang) besitzt.
4. Umformung der Matrix mit dem Ziel, daß alle Maximalwerte der Spannungen an den Verstärkerausgängen gleichgroß werden (bei hohen Ansprüchen zur „Optimierung" des Dynamikbereiches).

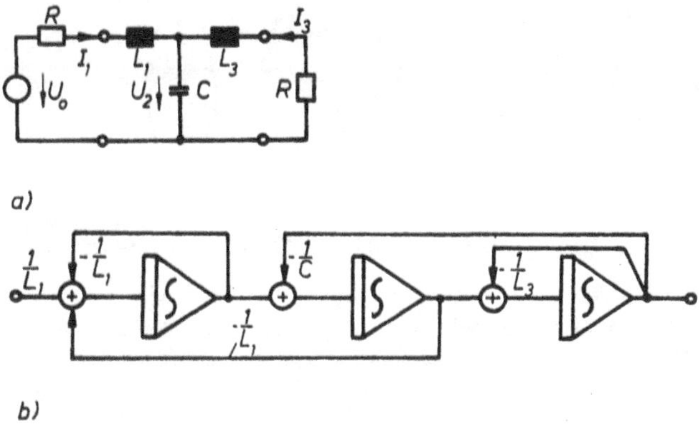

Abb. 2.23 Zur Realisierung eines Integratorfilters
a) Bekanntes passives Bezugsnetzwerk
b) Signalflußbild der aktiven Realisierung

Beispiel 2.13

Realisierung eines LC-Vierpols als aktives Integratorfilter

Gegeben: Passives Netzwerk, wie in Abb. 2.23a skizziert.

Gesucht: Zugehörige Realisierung als Integratorfilter.

Lösung:
Aus der Abb. 2.33a erkennen wir, daß I_1, U_2 und I_3 die Zustandsgrößen sind. Nach (2.43) gilt deshalb allgemein

$$p\begin{pmatrix} I_1 \\ U_2 \\ I_3 \end{pmatrix} = \begin{pmatrix} A_{11} & A_{12} & A_{13} \\ A_{21} & A_{22} & A_{23} \\ A_{31} & A_{32} & A_{33} \end{pmatrix} \begin{pmatrix} I_1 \\ U_2 \\ I_3 \end{pmatrix} + \begin{pmatrix} b_{11} \\ b_{21} \\ b_{31} \end{pmatrix} U_0 . \quad (2.46\text{a})$$

Aus zwei Maschengleichungen bzw. einer Knotenpunktsgleichung ergibt sich das simultane System

$$\begin{aligned} I_1R + I_1pL_1 + U_2 \quad &= U_0, \\ I_1 \quad - I_3 \quad + U_2pC &= 0, \\ I_3R + I_3pL_3 - U_2 \quad &= 0. \end{aligned} \tag{2.46b}$$

Durch Multiplikation von I_1 bzw. I_3 mit R und Umstellung in die Form von (2.46a) erhalten wir

$$p\begin{pmatrix} I_1R \\ U_2 \\ I_3R \end{pmatrix} = \begin{pmatrix} \frac{-1}{L_1} & \frac{-1}{L_1} & 0 \\ \frac{1}{C} & 0 & \frac{-1}{C} \\ 0 & \frac{1}{L_3} & \frac{-1}{L_3} \end{pmatrix} \begin{pmatrix} I_1R \\ U_2 \\ I_3R \end{pmatrix} + \begin{pmatrix} \frac{1}{L_1} \\ 0 \\ 0 \end{pmatrix} U_0, \tag{2.46c}$$

wobei der Zustandsvektor nunmehr ein reiner Spannungsvektor ist. Dazu gehört die in Abb. 2.23b dargestellte Struktur.

Die Zustandsbeschreibung kann vorteilhaft erweitert werden, wenn anstelle von p in der Zustandsgleichung (2.43) eine *inverse Funktionsmatrix* $\boldsymbol{F}^{-1} = \boldsymbol{H}$ (die grundsätzlich die Form einer Diagonalmatrix hat und deren Elemente

$$H_\lambda^{-1} = F_\lambda \quad (\lambda = 1, 2, \ldots, l) \tag{2.47}$$

Teilübertragungsfaktoren der Funktionsblöcke darstellen) eingeführt wird.

Mit

$$p \to \boldsymbol{H} = \boldsymbol{F}^{-1} \tag{2.48}$$

eingesetzt in (2.43) erhalten wir die *erweiterte Zustandsbeschreibung*.

$$\boldsymbol{HX} = \boldsymbol{AX} + \boldsymbol{BU}, \tag{2.49}$$

$$\boldsymbol{W} = \boldsymbol{CX} + \boldsymbol{DU}. \tag{2.50}$$

Diese Darstellung ordnet dem Netzwerk eine bestimmte „innere Organisation“ (das entspricht einem Übergang von einer black-box in eine grey-box) zu, die „anschaulich“

durch das in Abb. 2.24 skizzierte *Matrix-Signalflußdiagramm* beschrieben wird.

Im Fall des Einfachsystems entarten (2.49, 2.50) in

$$\boldsymbol{H}\boldsymbol{X} = \boldsymbol{A}\boldsymbol{X} + \boldsymbol{b}U \tag{2.49a}$$

$$W = \boldsymbol{c}\boldsymbol{X} + dU \tag{2.50a}$$

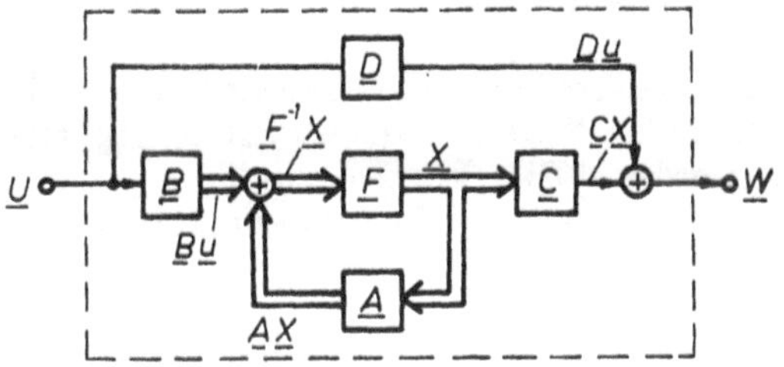

Abb. 2.24 Allgemeines Matrix-Signalflußbild der „erweiterten" Zustandsbeschreibung.

mit dem Übertragungsfaktor

$$T(p) = \frac{W}{U} = \boldsymbol{c}(\boldsymbol{H} - \boldsymbol{A})^{-1}\,\boldsymbol{b} + d\,. \tag{2.51}$$

Insbesondere bedeuten

$\boldsymbol{H}$ = Diagonalmatrix, deren *Elemente* die *Kehrwerte der* einzelnen *Teilübertragungsfaktoren* (herrührend von den Funktionsblöcken) sind,

$\boldsymbol{X}$ = Spaltenvektor der Ausgangspotentiale der Funktionsblöcke ($\triangleq$ „erweiterter" Zustandsvektor)

$\boldsymbol{A}$ = Matrix der inneren Kopplungen = *Koppelmatrix* = *Strukturmatrix*

$\boldsymbol{b}$ = Spaltenvektor der Einkopplungen = *Einkoppelvektor*

$\boldsymbol{c}$ = Zeilenvektor der Auskopplungen = *Auskoppelvektor*

d = Kopplung vom Eingang zum Ausgang

Das Kernproblem besteht darin, da die Matrix $(\boldsymbol{H} - \boldsymbol{A})$ wesentlich die Eigenschaften der Gesamtanordnung bestimmt, aus den zahlreichen Möglichkeiten, solche H_i und $A_{\mu\nu}$ herauszufinden, die „technisch-optimale“ Realisierungen darstellen.

Durch *Ähnlichkeitstransformationen*, siehe z. B. [K 14], lassen sich bei unveränderten H_i verschiedene Netzstrukturen aus der Matrizengleichung (2.61) für $T(p)$ herleiten.

Besonders praktische Formen entstehen, wenn alle $\boldsymbol{H}_i = H$ gleich und alle $A_{\mu\nu}$ frequenzunabhängig reell angenommen werden. Die Fundamentalform (2.14a) kann dann als gebrochen rationale Funktion von $\boldsymbol{H}$

$$T(p) = \frac{\sum\limits_{\mu=0}^{m} a_\mu H^\mu(p)}{\sum\limits_{\nu=0}^{n} b_\nu H^\nu(p)} \tag{2.52}$$

geschrieben werden. Dafür sind in Form von allgemeinen *Verzweigungsnetzwerken* kanonische Realisierungen bekannt, die als „Aufbauelemente“ Funktionsblöcke $\left(\frac{1}{\boldsymbol{H}} = \boldsymbol{F}\right)$, Multiplizierer (Bewerter) und Addierer (Summierpunkte) enthalten.

Die Realisierbarkeit von (2.52) ist bereits garantiert, wenn die Teilübertragungsfaktoren $\frac{1}{\boldsymbol{H}}$ (bzw. – mit Hilfe eines Inverters auch nur $-H$) selbst realisierbar sind. Dabei wird – wie schon bei der Kaskadentechnik – vorausgesetzt, daß die Ausgänge der Funktionsblöcke ideale Spannungsquellen sind. Abbildung 2.25 zeigt eine aus (2.52) „ablesbare“ kanonische Struktur.

Die Realisierungsaufgabe besteht allgemein darin, zu einem vorgegebenen $T(p)$ und gewähltem zulässigem $H(p)$ die Zähler- und Nennerkoeffizienten gemäß (2.52) zu bestimmen. Damit ist zunächst mindestens eine Auf-

bauvariante bekannt, die im Regelfall hinsichtlich weiterer Aspekte (z. B. Empfindlichkeit, Rauschen, Dynamikbereich, parasitäre Effekte) durch Ähnlichkeitstransformation zu optimieren ist.
Zuordnung $p \to H(p)$

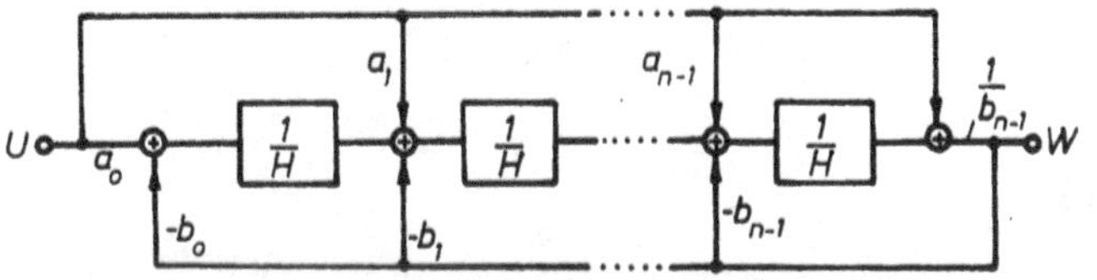

Abb. 2.25 **Kanonische Struktur ablesbar aus (2.62)**

Aus praktischen Gründen sind nur folgende H-Formen von Interesse.

Funktionen 1. Grades:

$H(p) = p \triangleq$ Integratornetzwerk

$H(p) = p + b \triangleq$ verlustbehaftetes Integratornetzwerk

$H(p) = \dfrac{p+b}{p-b} \triangleq$ Netzwerk mit AP-Funktionsblöcken

Funktionen 2. Grades:

$H(p) = \dfrac{p^2 + b_1 p + b_0}{a_2 p^2 + a_1 p + a_0} \triangleq$ Netzwerk mit biquadratischen Funktionsblöcken

mit den Sonderfällen

$$a_2 = a_1 = 0 \triangleq \text{TP-FB}$$

$$a_1 = a_0 = 0 \triangleq \text{HP-FB}$$

$$a_2 = a_0 = 0 \triangleq \text{BP-FB}$$

$$\frac{a_1}{a_2} = -b_1, \quad \frac{a_0}{a_2} = b_0 \triangleq \text{AP-FB}$$

Anwendungen:

1. Der *Übergang* vom *verlustlosen* $\left(H(p) = p\right)$ zum *verlustbehafteten Integrator* $\left(H(p) = p + b\right)$ bedeutet eine einfache Translation $p \to p + b$, d. h., anstelle von

$$T(p) = K \frac{\prod_{\mu=1}^{m} (p - p_{0\mu})}{\prod_{\nu=1}^{n} (p - p_\nu)} \tag{2.53a}$$

gilt

$$T\left(H(p)\right) = \overline{K} \frac{\prod_{\mu=1}^{m} (p - p_{0\mu} - b)}{\prod_{\nu=1}^{n} (p - p_\nu - b)}. \tag{2.53b}$$

Wenn $T(p)$ eine verlustlose Übertragungsfunktion repräsentiert, stellt $T\left(H(p)\right)$ die zugehörige verlustbehaftete Übertragungsfunktion — mit $\varepsilon_L = \varepsilon_C = b$ — dar.

2. Der *Übergang von* (Tp) *zu* $T\left(H(p)\right)$, wenn $H(p)$ einen Funktionsblock zweiten Grades repräsentiert. Zunächst gilt stets

$$\text{Grad von } T(H) = \frac{1}{2} \text{ Grad von } T(p), \tag{2.54}$$

d. h., jeweils zwei Eigenwerte in der p-Ebene werden durch einen Eigenwert in der H-Ebene beschrieben.

Ein sehr bedeutsamer Fall dieser Art ist aus der „Theorie der Frequenztransformationen" als *TB-BP-Transformation* bekannt. Nach (II, Abschnitt 4.) gilt

$$H(p) = \frac{1}{\delta_{BP}} \left(\frac{p}{\omega_0} + \frac{\omega_0}{p}\right), \tag{2.55}$$

d. h., $T(H)$ hat die gleichen Eigenwerte, wie die den Bandpaß $T_{BP}(p)$ „erzeugende" Tiefpaßfunktion. Durch eine einfache Modifikation können wir „endliche Polgüten" in (2.55) herstellen, wie folgendes Beispiel zeigt.

Beispiel 2.14

Realisierung von mehrfachgekoppelten BP-Strukturen

Gegeben: Erzeugende Tiefpaßfunktion $T(p) = \dfrac{K}{p^2 + b_1 p + b_0}$ und Bandpaß-Funktionsblock mit endlicher Polgüte

$$H(p) = \frac{1}{\delta_{\mathrm{BP}}} \left(\frac{p}{\omega_0} + \frac{1}{Q} + \frac{\omega_0}{p} \right)$$

Gesucht: 1. Zugehöriges $T_{\mathrm{BP}}(p)$?
2. Realisierung?

Lösung:

Zu 1. Über den Zwischenschritt einer „idealen" TP-BP-Transformation

$$H' = \frac{1}{\delta_{\mathrm{BP}}} \left(\frac{p}{\omega_0} + \frac{\omega_0}{p} \right) = H - \frac{1}{\delta_{\mathrm{BP}} Q} \tag{2.56}$$

mit

$$T(H') = \frac{K}{H'^2 + b_1 H' + b_0} \tag{2.57}$$

(d. h., die Pole in der p-Ebene entsprechen denen in der H'-Ebene) finden wir bei Beachtung von (2.52)

$$\begin{aligned} T_{\mathrm{BP}}(p) &= \overline{K} \frac{1}{\left(H - p_1 - \dfrac{1}{\delta_{\mathrm{BP}} Q} \right) \left(H - p_1 - \dfrac{1}{\delta_{\mathrm{BP}} Q} \right)} \\ &= \overline{K} \frac{1}{H^2 + 2 \left(\bar{\sigma}_1 - \dfrac{1}{\delta_{\mathrm{BP}} Q} \right) H + \left(\bar{\sigma}_1 - \dfrac{1}{\delta_{\mathrm{BP}} Q} \right)^2 + \omega_1^2}, \end{aligned} \tag{2.58}$$

wenn $\bar{\sigma}_1$ und ω_1 die Polkoordinaten des Bezugs-TP $T(p)$ sind.

Zu 2. Da $T_{\mathrm{BP}}(p)$ mit

$$b_0 = \left(\bar{\sigma}_1 - \frac{1}{\delta_{\mathrm{BP}} Q} \right)^2 + \omega_1^2 \quad \text{und} \quad b_1 = 2 \left(\bar{\sigma}_1 - \frac{1}{\delta_{\mathrm{BP}} Q} \right)$$

bekannt ist, realisiert gemäß Abb. 2.25 die in Abb. 2.26 gezeichnete Struktur die vorgegebene Übertragungsfunktion.

Die bereits in Abschnitt 2.1.1. erwähnten speziellen Strukturen:

— Follow-the-Leader-Feedback- oder *FLF-Schaltungen* (d. h., sämtliche Rückführungen gehen auf den Eingang) und
— Leap-Frog- oder *LF-Schaltungen*

(d. h., jeweils zwei benachbarte Funktionsblöcke liegen in einer Rückkopplungsschleife)

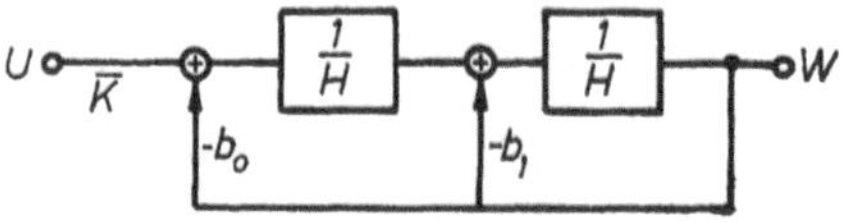

Abb. 2.26 Signalflußbild zum Beispiel 2.14

haben besondere praktische Bedeutung erlangt. Insbesondere haben die LF-Strukturen gegenüber den Elementen der Matrix $\boldsymbol{A}$ ähnliche Empfindlichkeitseigenschaften, wie die passiven Kettenschaltungen gegenüber ihren Bauelementen.

Ähnlich wie im passiven Fall ist das Realisierungsproblem bei Mehrfachkopplungen vergleichsweise einfach, wenn Netzwerke ohne Dämpfungspole bei endlichen Frequenzen (Polynomfilter) vorliegen. Sowohl bei den FLF- als auch bei den LF-Formen ist die *Anwendung der TP-BP-Transformation ein sehr wirkungsvolles Hilfsmittel*, weil damit rationell aus einfachen Bezugstiefpässen die gewünschten Bandpaßstrukturen gewonnen werden können.

2.3.4.2. *FLF-Realisierungen*

Wie bekannt, verstehen wir darunter verkoppelte Kaskadenanordnungen, bei denen alle „Rückwärtskopplungen" — oder auch Rückführungen genannt — auf den Eingang führen.

Diese Anwendung ist nach wie vor für die Analogrechentechnik typisch. Am einfachsten ist der Fall der verlustlosen Integratoren als Funktionsblöcke. Werden diese durch gleichabgestimmte Funktionsblöcke zweiten Grades mit der Polgüte unendlich ersetzt, so ist durch die bekannte TP-BP-Reaktanztransformation eine übersichtliche und einfache Zuordnung zwischen einem Tiefpaß und einem geometrisch-symmetrischen Bandpaß hergestellt. *RC*-aktive Funktionsblöcke sind grundsätzlich verlustbehaftet, d. h., sie besitzen eine endliche Polgüte. Diese Verluste können berücksichtigt werden, wenn von einem *„Bezugs-TP" mit verlustbehafteten Integratoren* ausgegangen wird. Realisierungsverfahren dazu sind in [G 17], [L 11], [T 16] abgehandelt. Auch der Fall mit beliebig verteilten Polgüten ist untersucht worden. Das Berechnungsprinzip besteht in der Aufstellung eines linearen Gleichungssystems für die freien Parameter, das zugleich für eine rechnergestützte Empfindlichkeits-Optimierung geeignet ist. Da die Matrix dieses Systems dreieckförmig ist, die sich auch ohne Rechner lösen läßt, hat J. Gensel einen durchsichtigen Algorithmus entwickelt. Dieser [G 17] ist vergleichbar mit der Kettenentwicklung für Reaktanzvierpole, da die Realisierung des FLF-Netzwerkes mit schrittweiser Anwendung von Verschiebungs- und Divisions-Operationen vorgenommen wird. Der grundsätzliche Vorteil dieser Methode besteht darin, daß sie auf FLF-Netzwerke mit biquadratischen Funktionsblöcken ausgedehnt werden kann.

Eine weitere Möglichkeit ist die *direkte Deutung der erweiterten Zustandsbeschreibung* gemäß (2.49, 2.50). Frequenzabhängige Netzwerke (d. h., Allpässe seien hier ausgenommen) haben bekanntlich die Grundform

$$T(p) = \frac{\sum\limits_{\mu=0}^{m} a_\mu p^\mu}{\sum\limits_{\nu=0}^{n} b_\nu p^\nu} \quad \text{mit } m < n. \tag{2.59}$$

Bei $b_n = 1$, was nur eine Normierungsfrage ist, gilt im einzelnen für die Matrizen der erweiterten Zustandsbeschreibung im Fall des Einfachsystems

$$A = \begin{pmatrix} 0 & 1 & 0 & 0 & . & 0 \\ 0 & 0 & 1 & 1 & . & 0 \\ . & . & . & . & . & . \\ . & . & . & . & . & 1 \\ -b_0 & -b_1 & -b_2 & -b_3 & . & b_{n-1} \end{pmatrix}, \quad b = \begin{pmatrix} 0 \\ 0 \\ 0 \\ \vdots \\ 0 \\ 1 \end{pmatrix} \tag{2.60a}$$

$$c = (a_0, a_1 a_2 \cdots a_{n-1}), \quad d = 0$$

und der Diagonalmatrix

$$H = \begin{pmatrix} H_1 & . & . & . & 0 \\ . & H_2 & . & . & 0 \\ . & . & H_3 & . & 0 \\ . & . & . & . & . \\ . & . & . & . & H_n \end{pmatrix}, \tag{2.60b}$$

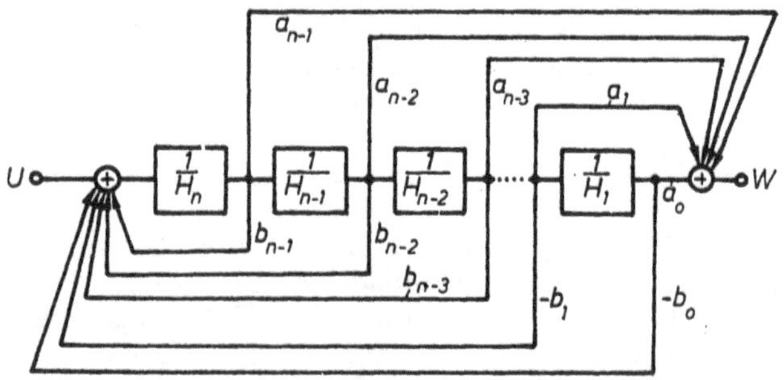

Abb. 2.27 Signalflußdiagramm, das (2.70a, b) realisiert

Das zugehörige FLF-Signalflußdiagramm ist in Abb. 2.27 dargestellt. Ein ausgezeichneter Anwendungsfall dieser Methode sind *Bandpaßübertragungsfunktionen.* Dann wird grundsätzlich von

$$T(p) = T_{TP}(p) \tag{2.61}$$

ausgegangen, d. h., die Koeffizienten a_μ und b_ν gehören zu $T_{TP}(p)$.

Beispiel 2.15

Kennenlernen der FLF-Realisierung für BP-Übertragungsfunktionen, die aus TP-Übertragungsfunktionen herleitbar sind.

Gegeben:

Tiefpaß-Übertragungsfunktion $T(p) = \dfrac{a_0 + a_2p^2}{b_0 + b_1p + b_2p^2 + b_3p^3 + p^4}$
und BP-Funktionsblöcke mit gleichen endlichen Polgüten Q in der Form

$$H(p) = \frac{1}{\delta_{BP}}\left(\frac{p}{\omega_0} + \frac{1}{Q} + \frac{\omega_0}{p}\right) \quad \text{mit} \quad \omega_0 = 1.$$

Gesucht:

1. $T_{BP}(p)$ für $Q \to \infty$, d. h. mittels der „verlustlosen Transformation" $p \to H' = \dfrac{p^2+1}{\delta_{BP}p}$?

2. Korrekturbeziehungen für die Polynomkoeffizienten, damit mit endlichen Güten Q_i die Sollfunktion realisiert wird?

3. Realisierendes Signalflußbild in FLF-Form?

Lösung:

Zu 1. Für $Q_i = \infty$ gilt

$$T_{BP}(p) = T_{BP}(H'(p)),$$

und die TP-Polynomkoeffizienten entsprechen unverändert den Kopplungen der Funktionsblöcke (s. a. Beispiel 2.14).

Zu 2. Die durch endliche Q erforderliche Korrektur der TP-Polynomkoeffizienten finden wir aus dem Vergleich von

$$T_{BP}(H'(p)) \quad \text{mit} \quad T_{BP}(H(p)),$$

wobei wir mit den Bezeichnungen

$$f = \frac{1}{Q\delta_{BP}}, \quad a_\mu \to \alpha_\mu \quad \text{und} \quad b_\nu \to \beta_\nu$$

rechnen.

Im Detail gilt für die „neuen Koeffizienten" im Beispielfall, d. h. bei $a_1 = 0$

$$
\begin{aligned}
\alpha_0 &= a_0 + f^2 a_2, \\
\alpha_1 &= \quad - 2f a_2, \\
\alpha_2 &= \quad a_2, \\
\beta_0 &= b_0 - f b_1 + f^2 b_2 - f^3 b_3 + f^4 b_4, \\
\beta_1 &= \quad b_1 - 2f b_2 + 3f^2 b_3 - 4f^3 b_4, \\
\beta_2 &= \quad b_2 - 3f b_3 + 6f^2 b_4, \\
\beta_4 &= \quad b_3 - 4f b_4.
\end{aligned}
$$

Der aufmerksame Leser erkennt in den „Spaltenkoeffizienten" die bekannten Binomkoeffizienten wieder, was durch die Substitution $(H' + f)^i$ bedingt ist und als Probebeziehung genutzt werden kann.

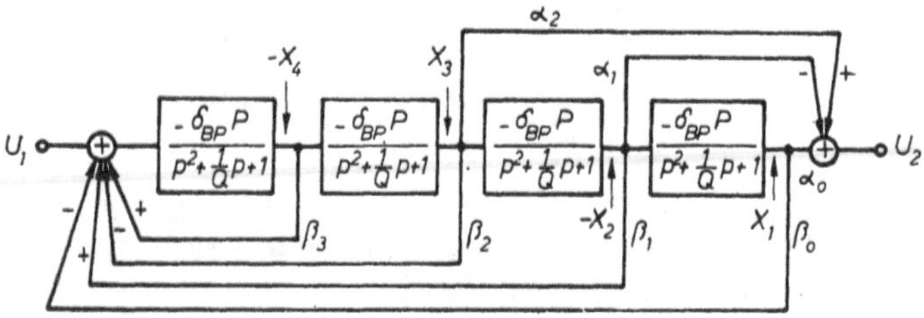

Abb. 2.28 FLF-Signalflußdiagramm zum Beispiel 2.

Zu 3. Das realisierende Signalflußbild in FLF-Form zeigt Abb. 2.28. Die errechneten korrigierten Koeffizienten sind identisch mit den Kopplungen. Die Zustandsgrößen x_ν ($\nu = 1, 2, 3, 4$) sind vorzeichenbehaftet die Ausgangsgrößen der Funktionsblöcke, wobei eine Zählweise, wie in Abb. 2.28 gewählt, praktisch ist.

2.3.4.3. *LF-Schaltungen*

Wie bekannt, verstehen wir darunter „bocksprungmäßig" verkoppelte Funktionsblöcke. Eine *LF-Struktur* kann u. a. als die *Nachbildung der Strom-Spannungs-*

beziehungen eines *passiven* (kopplungsfreien) *Kettenvierpols* [G 17] [S 15] aufgefaßt werden. Abb. 2.29a zeigt beispielhaft ein solches Bezugsnetzwerk, aus dem wir folgende Relationen ablesen

$$
\begin{aligned}
U_1 &= U_0 - I_1 R_1, & I_1 &= (U_1 - U_2)\frac{1}{Z_1}, \\
U_2 &= (I_1 - I_3)\frac{1}{Y_2}, & I_3 &= (U_2 - U_4)\frac{1}{Z_3}, \\
U_{n+1} &= I_n R_2, & I_n &= (U_{n-1} - U_{n+1})\frac{1}{Z_n}.
\end{aligned}
\tag{2.62}
$$

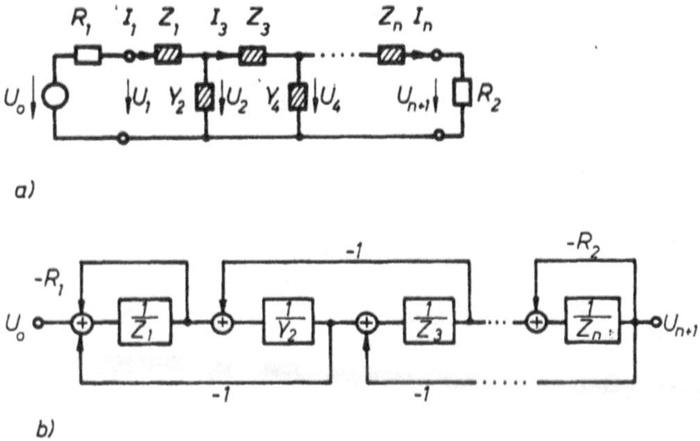

Abb. 2.29 LF-Schaltungen basierend auf passiven Bezugsnetzwerken
a) allgemeine Form eines passiven Bezugsnetzwerkes
b) zugehöriges LF-Signalflußdiagramm

Diesem simultanen Gleichungssystem entspricht aber auch eine LF-Struktur gemäß Abb. 2.29b. Sind zusätzlich $\frac{1}{Z_\mu}$ bzw. $\frac{1}{Y_\nu}$ *realisierbare Übertragungsfunktionen*, so können wir die Bemessung der LF-Form direkt aus dem passiven Bezugsnetzwerk ablesen. Es gilt damit eine einfache und zugleich „anschauliche“ *Strukturregel*, die insbesondere zu praktisch verwertbaren Resultaten führt, wenn *verlustbehaftete Längs- bzw. Querelemente* im passiven Bezugsnetzwerk vorkommen.

Beispiel 2.16

Vertrautwerden mit der LF-Realisierung basierend auf einem verlustbehafteten Bezugs-BP-Polynomfilter.

Gegeben: Spezielles Bezugsnetzwerk, wie in Abb. 2.30 skizziert.

Gesucht: Zugehörige LF-Realisierung (in Form eines Signalflußgraphen)

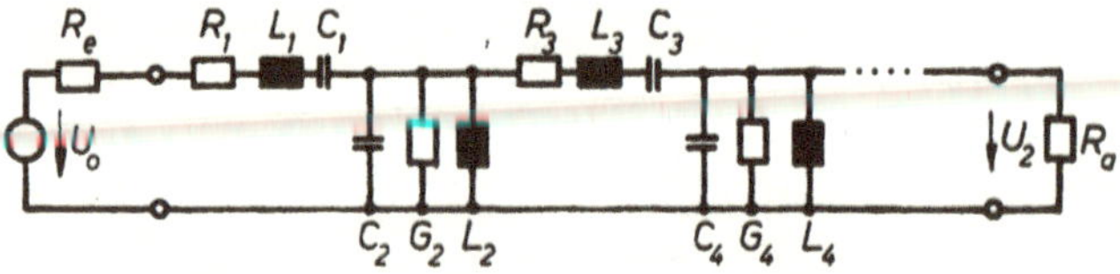

Abb. 2.30 Spezielles verlustbehaftetes BP-Bezugsnetzwerk

Lösung: Aus Abb. 2.40 lesen wir ab

$$\frac{1}{Z_\mu} = \frac{1}{R_\mu + pL_\mu + \dfrac{1}{pC_\mu}} = \frac{\dfrac{1}{L_\mu}p}{\dfrac{1}{L_\mu C_\mu} + \dfrac{R_\mu}{L_\mu}p + p^2} \tag{2.63}$$

und

$$\frac{1}{Y_\nu} = \frac{1}{G_\nu + pC_\nu + \dfrac{1}{pL_\nu}} = \frac{\dfrac{1}{C_\nu}p}{\dfrac{1}{L_\nu C_\nu} + \dfrac{G_\nu}{C_\nu}p + p^2}$$

d. h., die damit bekannten Funktionsblöcke sind realisierbare Bandpaßgrundglieder und können nach bekannten Methoden (Abschnitt 2.3.2.2) verwirklicht werden. Der zugehörige LF-Signalflußgraph ist identisch mit Abb. 2.29b.

Das eigentliche Entwurfsproblem ist auf die Auffindung geeigneter Bezugsnetzwerke „transformiert“. Für Standardanwendungen kann auf katalogisierte Resultate zurückgegriffen werden [S 2], oder es ist allgemeiner der Entwurf verlustkompensierter Netzwerke notwendig.

In allgemeiner Form stößt der Entwurf von LF-Schaltungen mit Funktionsblöcken endlicher Güte auf erhebliche Schwierigkeiten, da z. B. komplizierte nichtlineare Gleichungssysteme zu lösen sind. Ein weiterer Weg ist die Herleitung von LF-Realisierungen aus der (Gesamt-) *Übertragungsfunktion* durch Kettenbruchdarstellung des Nenners von $T(H)$. (Sinnvollerweise wird hier ausschließlich eine BP-Übertragungsfunktion unterstellt.) [K 14]. Die damit gefundene Koppelmatrix liefert dann direkt mit ihren Elementen — zumindest — eine kanonische LF-Realisierung.

Beispiel 2.17

Kennenlernen der LF-Realisierung, basierend auf einem bekannten $T(H)$ mit $H = \frac{1}{\delta_{\mathrm{BP}}}\left(\frac{p}{\omega_0} + \frac{1}{Q} + \frac{\omega_0}{p}\right)$.

Gegeben: $T(H) = \dfrac{a_0}{1 + b_1 H + b_2 H^2 + b_3 H^3} = \dfrac{a_0}{N_{\mathrm{g}}(H) + N_{\mathrm{u}}(H)}$.

Gesucht: Realisierender LF-Signalflußgraph

Lösung: Die Kettenbruchdarstellung von

$$\frac{N_{\mathrm{u}}}{N_{\mathrm{g}}} = \frac{\text{Ungerader Teil}}{\text{Gerader Teil}} = \frac{b_3}{b_2} H + \cfrac{1}{\cfrac{b_2^2}{b_1 b_2 - b_3} H + \cfrac{1}{\left(b_1 - \cfrac{b_3}{b_2}\right) H}}$$

hat eine Zustandsgleichung

$$\boldsymbol{H x} = \begin{pmatrix} 0 & -\dfrac{b_2}{b_1 b_2 - b_3} & 0 \\ \dfrac{b_1 b_2 - b_3}{b_2^2} & 0 & -\dfrac{b_1 b_2 - b_3}{b_2^2} \\ 0 & \dfrac{b_2}{b_3} & -\dfrac{b_2}{b_3} \end{pmatrix} \boldsymbol{x} + \begin{pmatrix} \dfrac{a_0 b_2}{b_1 b_2 - b_3} \\ 0 \\ 0 \end{pmatrix} U_0$$

zur Folge, zu der eine LF-Struktur, wie in Abb. 2.31a, gehört.

Äquivalent dazu — mit veränderten Kopplungen — ist die Form in Abb. 2.31b.
Ergänzung: Sind Übertragungsnullstellen bei $0 < \omega_{0\mu} < \infty$ vorhanden, so brauchen nur die Einkopplungen verändert werden.

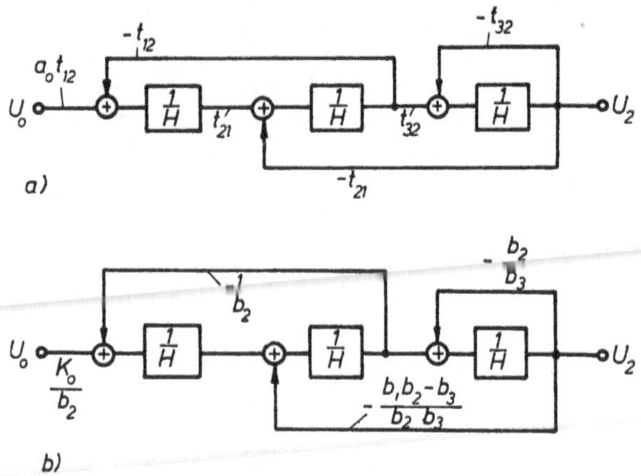

Abb. 2.31 LF-Signalflußdiagramm zum Beispiel 2.
a) mit den Kopplungen

$$t_{12} = \frac{b_2}{b_1 b_2 - b_3}, \quad t_{21} = \frac{b_1 b_2 - b_3}{b_2^2}, \quad t_{32} = \frac{b_2}{b_3}$$

b) mit modifizierten Kopplungen (wie eingetragen)

2.3.4.4. *Praktische Probleme und Anwendungen*

Wie in den vorangegangenen Abschnitten dargelegt, sind sowohl die Integratornetzwerke als auch allgemeiner die Realisierungen mit Mehrfachkopplungen *RC*-aktive Strukturen mit grundsätzlich hoher Toleranzfestigkeit, da prinzipiell ähnliche Werte wie bei passiven Realisierungen erzielt werden können. Die Grundbausteine Integrator bzw. allgemeiner Funktionsblock, Summierer und Inverter müssen mit realen Operationsverstärkern aufgebaut werden, d. h., es wird nicht nur eine Verstärkungsdrift, sondern auch komplexe, und damit frequenzabhängige, Verstärkungsparameter werden wirksam. Wenn man, wie bisher in der Literatur vorwiegend geschehen, diese Parameter als konstant annimmt, kann es zu einer Fehleinschätzung der Leistungsfähigkeit kommen.

Für Integratornetzwerke hat W. Möckel [M 15] die Realisierungsgrenzen unter dem Aspekt der Verstärkerparameteränderungen untersucht. Wie auch bei anderen Realisierungsvarianten beträgt die obere Frequenzgrenze etwa 100 kHz (beim gegenwärtigen Stand der Verstärkertechnik). Eine zweckmäßige Erweiterung ist der Ersatz der Integratoren durch allgemeine Funktionsblöcke zweiten Grades. Obwohl sowohl die Analyse als auch der Entwurf — speziell die eigentliche Realisierung — solcher Schaltungen kompliziert ist, nehmen sie einen bestimmten Platz ein. (Nochmals sei hier an ihre Mittelstellung erinnert. Während die „rückwirkungsfreie“ Kaskadentechnik im Regelfall mit einem Verstärker je Funktionsblock 2. oder 3. Grades auskommt, benötigen die Nachbildungen von passiven Netzwerken auf der Basis der Übersetzervierpole im Prinzip einen Verstärker pro Grad der Netzwerkfunktion. Der Gewinn sind kleinste erreichbare Empfindlichkeiten, geringes Eigenrauschen und höhere Aussteuerungsgrenzen.) Insgesamt wiegen diese Nachteile der mehrfach gekoppelten Schaltungen die zu erwartenden Vorteile nicht auf. Zur Verwirklichung der unumgänglichen Mehrfacheinspeisung in die Funktionsblöcke werden i. a. gesonderte Summierverstärker — wie z. B. in Tafel 2.34, letzte Zeile, aufgeführt — benötigt. Es ist praktischer, Funktionsblöcke so zu gestalten, daß

1. mehrere „gewichtete“ Eingänge zur Verfügung stehen,

2. invertierendes oder nichtinvertierendes Verhalten vorliegt,

3. eine vorgeschriebene Übertragungskonstante verwirklicht werden kann und
4. eine gewünschte Anfachung erzielt wird.

Erfolgreiche Überlegungen dazu hat V. SEIDEL [S 23] angestellt. In Tafel 2.16 sind für Bandpaß-Funktionsblöcke Dimensionierungsregeln direkt für den praktischen Gebrauch notiert. Im folgenden Beispiel wird die Anwendung im Detail erläutert.

Anwendungen

Beispiel 2.18

Realisierung eines FLF-Bandpasses sechsten Grades [S 23]

Gegeben: Tiefpaß-Übertragungsfunktion

$$T(p) = \frac{K}{p^3 + b_2 p^2 + b_1 p + b_0}.$$

Gesucht:

1. Bemessung eines „äquivalenten" Bezugstiefpasses mit verlustbehafteten Integratoren, d. h. $H = p + b$, gemäß Abb. 2.32a?

2. H_{BP} nach der TP-BP-Transformation, d. h. Substitution von

$$p \to \frac{1}{\delta_{\mathrm{BP}}} \left(\frac{p}{\omega_0} + \frac{\omega_0}{p} \right) \quad \text{in } H \text{ mit } \quad \bar{p} = \frac{p}{\omega_0}?$$

3. Blockbild des Bandpasses mit großer Aussteuerungsgrenze?

4. Normierte und tatsächliche Realisierung bei $b_2 = 1{,}8174$, $b_1 = 1{,}5743$, $a_0 = 0{,}5495$, $\delta_{\mathrm{BP}} = 0{,}096$, $f_0 = 1{,}02$ kHz und $C_{\mathrm{B}} = 50$ nF.

Lösung:

Zu 1. Aus Abb. 2.32a lesen wir ab

$$T(p) = \frac{K}{(p + b)^3 + k_2(p + b) + k_3}$$

$$= \frac{K}{p^3 + 3bp^2 + (3b^2 + k_2)\, p + b^3 + k_2 b + k_3}.$$

Aus dem Koeffizientenvergleich mit der Sollfunktion finden wir die Bestimmungsgleichungen

$$b = \frac{b_2}{3}, \quad k_2 = b_1 - 3b^2, \quad k_3 = b_0 - b^3 - bk_2.$$

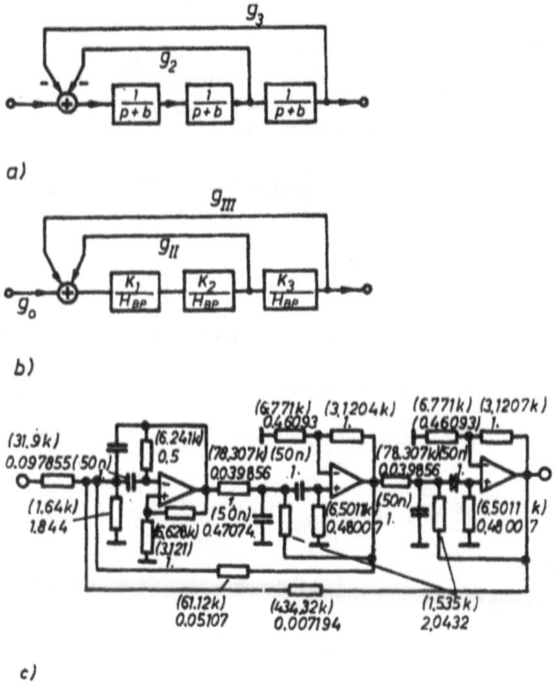

Abb. 2.32 Realisierung einer BP-Schaltung 6. Grades in FLF-Form

a) Signalflußdiagramm des Bezugs-TP (lies k statt g)

b) Signalflußdiagramm des BP

c) Normierte (tatsächliche) BP-Schaltung in FLF-Form

Zu 2. Wegen $H_{\mathrm{BP}} = \frac{1}{\delta_{\mathrm{BP}}}\left(\bar{p} + \frac{1}{\bar{p}}\right) + b$ gilt

$$\frac{1}{H_{\mathrm{BP}}} = \frac{\delta_{\mathrm{BP}}\bar{p}}{\bar{p}^2 + b\delta_{\mathrm{BP}}\bar{p} + 1}$$

mit der Polgüte $Q = \frac{1}{\delta_{BP} b}$ und der Übertragungskonstanten $K = \delta_{BP}$.

Zu 3. Da nach Abb. 2.32a Gegenkopplungen vorliegen, kann ein externer Summierverstärker vermieden werden, wenn die erste Schleife einen invertierenden Funktionsblock enthält. Zweckmäßig werden die Übertragungs- und Rückführungskonstanten so abgeändert, daß $K_1 = 1$ und $K_2 = K_3 = Q^{-1}$ (damit Übersteuerungen vermieden werden) gilt. Dazu gehört ein BP-Blockbild, wie in Abb. 2.32b skizziert.
Die „Kopplungsleitwerte" sind dabei durch

$$K_2 g_{II} = k_2 \delta_{BP}^2, \quad K_2 K_3 g_{III} = k_3 \delta_{BP}^3$$

festgelegt.

Zu 4. Daraus errechnen wir

$$b = 0{,}6058, \; g_2 = 0{,}4734, \; k_3 = 0{,}0404, \; Q = 17{,}174$$

sowie $g_{II} = 0{,}07511$, $g_{III} = 0{,}01058$, $K_2 = K_3 = 0{,}05823$.
Den Funktionsblock 1 realisieren wir nach Tafel 2.12 (links) und die Funktionsblöcke 2 und 3 nach Tafel 2.12 (rechts). Den Leitwert G_s teilen wir bei einem

$$\text{Anfachungskoeffizient } a = \frac{f-1}{f} \tag{1.54a}$$

auf in

$$G_{s0} = g_0(1 - k_R), \quad G_{sII} = g_{II}(1 - k_R)$$

und

$$G_{sIII} = g_{III}(1 - k).$$

Damit gilt für

$$G_c = 2Q_0 - (G_{s0} + G_{sII} + G_{sIII}).$$

Abb. 2.32c zeigt die Gesamtschaltung. In Klammern sind die tatsächlichen Schaltelementewerte eingetragen.

Literaturverzeichnis [1]

A. Bücher

[B 1] Bode, H. W.: Network analysis and feedback amplifier design. Van Nostrand, New York 1945

[C 1] Calahan, D. A.: Computer-aided network design. McGraw-Hill, New York 1971

[D 1] Director, S. W., Rohrer, R. A.: An introduction to system theory. McGraw-Hill, New York 1971

[E 1] Elschner, H., Möschwitzer, A., Reibiger, A.: Rechnergestützte Analyse in der Elektronik. VEB Verlag Technik, Berlin 1977

[F 1] Fritzsche, G.: Entwurf linearer Schaltungen. VEB Verlag Technik, Berlin 1962

[F 2] Fritzsche, G.: Theoretische Grundlagen der Nachrichtentechnik. VEB Verlag Technik Berlin 1976

[F 3] Fritzsche, G.: Wissenspeicher Informationsübertragung. VEB Verlag Technik Berlin 1977

[F 4] Fritzsche, G.: Grundlagen und Entwurf passiver Analogzweipole, Netzwerke Band I. Akademie-Verlag (WTB-Reihe), Berlin 1978

[F 5] Fritzsche, G.: Entwurf passiver Analogvierpole, Netzwerke Band II. Akademie-Verlag (WTB-Reihe), Berlin 1978

[G 1] Galjamutschew, U. P., Lannè, A. A., Lundin, W. S., Petrakow, W. A.: (Галямучев, Ю. П., Ланнэ, А.А., Лундін, В. С., Петраков, В. А.): Синтез активных RC-цепей Изд. „Сьязь“, Москва 1975

[G 2] Geher, K.: Theory of tolerances. Akademisi Kiado, Budapest 1971

[G 3] Ghausi, M. S.: Principles and design of linear active circuits. McGraw-Hill, New York 1965

[H 1] Heinlein, W. E., Holmes, W. H.: Active filters for integrated circuits. R. Oldenbourg, München/Wien 1974

[1]) Großbuchstaben mit zweistelligen Zahlen verweisen auf Originalarbeiten in Zeitschriften.

[H 2] Huelsman, L. P.: Theory and design of active RC-circuits. McGraw-Hill, New York 1968

[H 3] Huelsman, L. P. (Hrsg.): Active filters lumped, distributed, integrated, digital and parametric. McGraw-Hill, New York 1970

[K 1] Kuh, E. S., Rohrer, R. A.: Theory of linear active networks. Holden Day, San Francisco 1967

[L 1] Langer, E.: Spulenlose Hochfrequenzfilter. Siemens — A 6. München 1969

[M 1] Mason, S. J., Zimmermann, H. J.: Electronic circuits, signals and systems. John Wiley, New York 1960

[M 2] Möschwitzer, A.: Halbleiterelektronik. Wissensspeicher. VEB Verlag Technik, Berlin 1971

[M 3] Moschytz, G. S.: Linear integrated networks: Fundamentals. Van Nostrand, Reinhold 1974

[M 4] Moschytz, G. S.: Linear integrated networks: Design. Van Nostrand, Reinhold 1975

[P 1] Philippow, E. (Hrsg.): Taschenbuch Elektronik in sechs Bänden Band III, Abschnitt 3.7, Aktive Analogfilter. VEB Verlag Technik, Berlin 1977

[R 1] Reibiger, A.: Netzwerkanalyse der Hilfsmittel für den rechnergestützten Schaltungsentwurf (im Band „Schaltungstechnik“ der Reihe „Studienmaterial für die Weiterbildung“). Akademie-Verlag Berlin 1978

[R 2] Reinschke, K., Schwarz, P.: Verfahren zur rechnergestützten Analyse linearer Netzwerke. Akademie-Verlag, Berlin 1976

[R 3] Rupprecht, W.: Netzwerksynthese. Springer-Verlag, Berlin 1972

[S 1] Schüssler, W.: Über die Darstellung der Übertragungsfunktionen und Netzwerke am Analogrechner. Westdeutscher Verlag, Köln 1961

[S 2] Sobenin, J. A. (Собенин, Я. А.) Полиномиальных фильтров. Изд. „Сьязь“, Москва 1963

[S 3] Su, L. K.: Active network synthesis. McGraw-Hill, New York 1965

[T 1] Truxal, J. G.: Automatic feedback control systems and synthesis. McGraw-Hill, New York 1955

[U 1] Unbehauen, R.: Synthese elektrischer Netzwerke. R. Oldenbourg Verlag, München 1972

[U 2] Unbehauen, R., Mager, A.: Netzwerksynthese in Beispielen. (Band I und II), R. Oldenbourg Verlag, München 1977

[Z 1] ZADEH, L. A., DESOER, C. A.: Linear system theory (The state space approach). McGraw-Hill, New York 1964

[Z 2] ZNAMENSKIJ, A. E., TEPLJUK, I. N.: (Знаменскии, А. Е., Теплюк, И. Н.): Активные RC-деииьтры. Изд. „Сьязь", Москва 1970

[Z 3] ZVEREV, A. I.: Handbook of filter synthesis. John Wiley, New York 1967

B. Originalarbeiten

[A 11] ADAM, R.: Entwurf eines Kombinationsfilters. Dissertation A, HfV Dresden 1971

[A 12] AKERBERG, D., and K. MOSSBERG: Low-sensitivity easily trimmed standard building block for active RC filtres, Eletcron. Lett. **5** (1969), S. H. 21, S. 528/29

[A 13] ANTONIOU, A.: Gyrators using operational amplifiers. Electron. Lett. **3** (1967) H. 8, S. 350—352

[A 14] ANTONIOU, A.: New gyrator circuits obtained by using nollers. Electron. Lett. **4** (1968) H. 5, S. 87/88

[B 11] BEDRY, Y.: Elimination of restriction on the position of zeros in certain low-sensitivity RC active networks. Int. J. Electronics **35** (1973) H. 3, S. 321—334

[B 12] BLOM, D., H. W. HANNEMAN, J. O. VOORMAN: Einige Filter ohne Spulen. Philips Techn. Rundschau **33** (1973/174), H. 10, S. 306—321

[B 13] BÖHME, R.: Typisches Rauschverhalten aktiver RC-Resonatoren. Nachrichtentechnik **25** (1975) H. 7, S. 262—266

[B 14] BÖHME, R.: Entwurf aktiver RC-Filter in Kaskadentechnik, Dissertation B, HfV Dresden 1975

[B 15] BÖLIKE, B.: Elektronische Gyratorrealisierung und ihre Anwendung in Filterschaltungen. Dissertation A, HfV Dresden 1973

[B 16] BRUTON, L. T.: Frequency selectivity using positive impedance converters. Proc. IEEEE **46** (1968) S. 1387 ff.

[B 17] BRUTON, L. T.: Network transfer function the concept of frequency dependent negative resistance. IEEE Trans. CT **16** (1969) S. 406—408

[B 18] BRUTON, L. T.: Sensitivity comparison of High — Q second — order active filter synthesis Techniques. IEEE Trans. **CAS-22** (1975) Jan.

[C 11] CALAHAN, D. A.: Notes on the Horowitz optimisation Procedure. IRE Trans. **CT-7** (1960) S. 352—354

[C 12] Calahan, D. A.: Restrictions on the natural frequencies of an RC-RL network. J. Franklin Inst. **272** (1961) S. 112–133

[C 13] Constantinides, A. G.: Wave active filters. Electron. Lett. **11** (1975) S. 254–256

[D 11] Decker, K. L., and E. T. Johnson: Linear systems electric network, transfer function, control system (LISA). IBM Coop. Programm Inf. **7 ID** (1968)

[D 12] Deliyannis, T.: Sensitivity study of five RC active networks using the method of single inversion. Int. J. Electronics **22** (1967) H. 3, S. 197–213

[D 13] Deliyannis, T.: A rewiew of recent in active RC Filter Synthesis, Proc. **SSCT 77** (1977) Prag, S. 47–60

[F 11] Fiebig, R., und K. Reinschke: Über ein Algol-Programm für die Rechenanlage Elliett 503 zur vollständigen Analyse und Toleranzanalyse aktiver und passiver linearer Netzwerke, Teil I und II. Nachrichtentechnik **18** (1968) H. 5, S. 173–176 H. 6, S. 236–238

[F 12] Fliege, N.: Entwurf RC-aktiver Filter mit nichtidealen Verstärkern. Dissertation, TH Karlsruhe 1971

[F 13] Fliege, N.: Eigenschaften und Entwurf aktiver Filter. NTZ **26** (1973) H. 9, S. 423–434

[F 14] Forster, E. J.: Active low-pass filter design. IEEE Trans. on Audio **Au-13** (1965) Nr. 5, S. 104–111

[F 15] Friend, J., and A. Cliff, and D. Milberman: STAR: An active biquadratic filter section. IEEE Trans. **CAS-22** Nr. 2, S. 115–121

[F 16] Fritzsche, G., und H.-J. Jentschel: Ein neuer Vorschlag für die gleichmäßige Approximation bei Selektivschaltungen mit minimaler Polgüte. Nachrichtentechnik – Elektronik **24** (1974) H. 6, S. 202–205

[F 17] Fritzsche, G., und H.-J. Jentschel: Poldaten und Koeffizienten von Übertragungsfaktoren mit minimaler Polgüte – T_M-Approximationen. Nachrichtentechnik – Elektronik **25** (1975) H. 6, S. 225–232

[F 18] Fritzsche, G.: Gütearme Approximationen für Netzwerke mit vorgeschriebenen Eigenschaften. Nachrichtentechnik – Elektronik **25** (1975) H. 9, S. 332–334

[F 19] Fritzsche, G., und H.-J. Jentschel: PN-Daten und Koeffizienten von Übertragungsfaktoren mit minimaler Polgüte C_M-Approximation. Nachrichtentechnik – Elektronik **27** (1977) H. 5, S. 208–210

[G 11] GEISSLER, E.: Theorie und Entwurf selektiver aktiver Einsverstärker-RC-Schaltungen dritten und vierten Grades. Dissertation A, HfV Dresden 1973

[G 12] GENSEL, J.: RC-aktive networks considered from the Q-enhancement point of view. Proc. of SSCT Prag 1968

[G 13] GENSEL, J.: Nullstellenanfachung in biquadratischen Teilfiltern hoher Güte. Komb. VEB RFT Fernmeldewerk, Techn. Bericht **TF-11** (1970) Leipzig

[G 14] GENSEL, J., und V. SEIDEL: Aktives RC-Filter mit imaginären Übertragungsnullstellen. Wirtschaftspatent Wp 1974 DDR

[G 15] GENSEL, J.: Dimensionierung und Optimierung von RC-aktiven Zustandsfiltern. Techn. Bericht **TF-4** (1974), Komb. VEB RFT Fernmeldewerk Leipzig

[G 16] GENSEL, J.: Entwurf von RC-aktiven FLF-Filtern. Nachrichtentechnik – Elektronik **27** (1977) H. 5, S. 200–202

[G 17] GIRLING, F. A. E., and E. F. GOOD: Active Filters part 12–14. Wireless World 1970, S. 341–345, S. 445–450, S. 505–510

[G 18] GÖCKLER, H.: Über Realisierungsmöglichkeiten beim Entwurf von Gyrator-C-Filtern. AEU **25** (1974) H. 1, S. 15–24

[G 19] GOOD, E. F.: A two-phase low frequency oscillator. Electron. Energineering **29** (1957) S. 164–169, S. 210–213

[G 20] GORSKI-POPIEL, J.: RC-aktive synthesis using positive immittance converters. Electron. Lett. **3** (1967) S. 381–382

[H 11] HEIZER, K. W.: Rational parameters with distributed networks. IEEE Trans. **CT-10** (1963) S. 531

[H 12] HOLT, A. G. J., and M. R. LEE: A relationship between sensitivity and noise. Int. J. Electronics **26** (1969) Nr. 6, S. 591–594

[H 13] HOROWITZ, J. M.: Optimization of negative-impedance conversion methods of active RC synthesis, IRE Trans. **CT-6** (1959) H. 3, S. 296–303

[H 14] HUNECK, M.: Ein Beitrag zur elektronischen Realisierung des Gyrators. Dissertation A, TH Ilmenau 1970

[J 11] JENTSCHEL, H.-J.: Ein Beitrag zum Entwurf selektiver Netzwerke mit Hilfe von Optimierungsverfahren. Dissertation A, HfV Dresden 1974

[K 11] KAMPFHENKEL, H.: Eigenschaften von aktiv realisierten Induktivitäten und Überkapazitäten und der

Ausgleich von Frequenzgangfehlern. Frequenz **30** (1976) S. 220—228

[K 12] Kamsek, U.: A universal active RC-Filter with two OP-AMPs. Proc. of **SSCT 77** (1977) Prag, S. 210—215

[K 13] Krüger, K.-E.: Zur Realisierung hochselektiver Netzwerke in aktiver RC-Kaskaden-Technik. Dissertation A, HfV Dresden 1973

[K 14] Krüger, K.-E.: Entwurf analoger, mehrfachrückgekoppelter aktiver RC-Netzwerke. Nachrichtentechnik — Elektronik **27** (1977) H. 5, S. 197—199

[L 11] Laker, K. R., and M. S. Ghausi,: Synthesis of low-sensitivity multiloop feedback active RC filter. IEEE Trans. **CAS-21** (1974) H. 2, S. 252—259

[L 12] Larky, A. I.: Unbalanced negative impedance converters. IRE Trans. **CT-4** (1957) Nr. 3, S. 124—131

[L 13] Linvill, J. G.: RC active filters. Proc. IRE **42** (1954) Nr. 3, S. 140—144

[L 14] Lippmann, J.: Zustandsanalyse linearer zeitinvarianter Systeme bei determinierter und stochastischer Erregung. Dissertation B, HfV Dresden 1978

[L 15] Lüder, E.: Eine Kettenschaltung RC-aktiver Vierpole mit maximalem Dynamikbereich. AEU **24** (1970) Nr. 10, S. 467—470

[M 11] Mann, H.: Zurückführung allgemeiner Darstellungen linearer Netzwerke in die Zustandsform, Nachrichtentechnik — Elektronik **28** (1978) H. 1, S. 15/16

[M 12] Martin, K., und A. S. Sedra: Optimum design of active filters using the Generalized Immittance Converter. IEEE Trans. **CAS-24** (1977) S. 495—503

[M 13] Mason, S. J.: Power gain in feedback amplifiers. IRE Trans. **CT-1** (1954) Nr. 2, S. 20—25

[M 14] McVey, P. J.: Sensitivity in some simple RC-active networks. Proc. IEE **112** (1965) H. 7, S. 1263—1269

[M 15] Möckel, W.: Analyse und Entwurf von Zustandsfiltern mit Integratoren bei realen Verstärkereigenschaften. Dissertation A, HfV Dresden 1976

[N 11] Novak, M.: Optimierung der Rauschzahl und des Dynamikbereiches bei kettenförmigen aktiven RC-Filtern. Nachrichtentechnik — Elektronik **22** (1972) H. 10, S. 342—343

[O 11] Orchard, H. J.: Inductorless Filters. Electron. Lett. **2** (1966) H. 6, S. 224/25

[P 11] PETRAUSCH, J.: Realisierung stabiler aktiver RC-Schaltungen mit beliebigen Übertragungsnullstellen. Nachrichtentechnik – Elektronik **21** (1971) H. 4, S. 127–130

[P 12] PREMOLI, A.: A new class of equal-ripple filtering function with low Q-Factors: The MUCROER Polynomials. IEEE Trans. **CAS-21** (1974) H. 5, S. 609–613

[R 11] REDDY, M. A.: Low sensitivity RC amplifier filters. NTZ **25** (1972) H. 1, S. 35–39, H. 2, S. 86–88

[R 12] REIBIGER, A., und B. STRAUBE: Ein Beitrag zum deduktiven Aufbau der Netzwerktheorie, Teil I–V. Bericht **09–08** ··· **12–76** (1976) TU Dresden

[R 13] REINSCHKE, K., und P. SCHWARZ: Berechnung der Parameterempfindlichkeit linearer Schaltungen im Zeitbereich. Z. el. Inform.- und Energietechnik **3** (1973) H. 4, S. 177–185

[R 14] RICORDAN, R. M. S.: Simulated using operational amplifiers. Electron. Lett. **3** (1967) H. 2, S. 50/51

[R 15] ROLLET, J. M.: Stability and Power Gain Invarianty of linear twoporty. IRE Trans. **CT-9** (1962) Nr. 1, S. 29–32

[R 16] ROSENBLUM, A. L., und M. S. GHAUSI: Multiparameter sensitivity in active RC networks. IEEE Trans. **CT-18** (1971) S. 592–599

[S 11] SALLEN, R. P., and E. KEY: A practical method of designing RC-active filters. IRE Trans. **CT-2** (1955) S. 74–85

[S 12] SCHINDLER, D.: Lineare aktive Netzwerke. Theoretische Grundlagen und Anwendungen. Dissertation B, HfV Dresden 1974

[S 13] SCHNEIDER, W.: Entwurf von elektrischen Filtern mit Hilfe von Übertragungsfunktionen 2. Ordnung. msr **13** (1970) H. 12, S. 468–472

[S 14] SCHREIBER, H., und R. BÖHME: Zur rechnergestützten Rauschanalyse elektronischer Schaltungen. Nachrichtentechnik – Elektronik **26** (1976) H. 6, S. 207–210

[S 15] SCHUBERT, E.: Entwurf und Realisierung von MLF-Schaltungen. Dissertation A, HfV Dresden 1979

[S 16] SCHÜSSLER, W.: Zur allgemeinen Theorie der Verzweigungsnetzwerke. AEÜ **22** (1968) S. 361–367

[S 17] SEIDEL, V.: Aktiver RC-Filter mit drei frequenzbestimmenden Kapazitäten. Nachrichtentechnik – Elektronik **23** H. 1, S. 10–13

[S 18] Seidel, V.: Tiefpaßteilfilter in aktiver RC-Technik mit Operationsverstärkern. Nachrichtentechnik – Elektronik **24** (1974) H. 11, S. 418–421

[S 19] Seidel, V.: Beitrag zur Rauschberechnung an aktiven RC-Filtern nach dem Inversionsprinzip. Nachrichtentechnik – Elektronik **25** (1975) H. 1, S. 18–21

[S 20] Seidel, V.: Zur Realisierung von aktiven absolut stabilen RC-Filterbausteinen mit imaginären Übertragungsnullstellen. Dissertation A, HfV Dresden 1975

[S 21] Seidel, V.: Absolut stabile Filterbausteine mit zwei Kapazitäten und Differenzverstärker mit imaginären Übertragungsnullstellen. Nachrichtentechnik – Elektronik **26** (1976) H. 9, S. 323–325

[S 22] Seidel, V.: Aktive RC-Filterbausteine mit drei Kapazitäten zur Realisierung von Cauerfiltern. Nachrichtentechnik – Elektronik **26** (1976) H. 10, S. 367–371

[S 23] Seidel, V.: Filterbausteine für aktive RC-Filter mit Mehrfachrückkopplung. Nachrichtentechnik – Elektronik **27** (1977) H. 5, S. 202–205

[S 24] Seidel, V.: Verbesserung des Rauschverhaltens aktiver RC-Tiefpässe durch gütearme Approximationen. Vortrag 11. Fachkolloquium TU Dresden 1978

[S 25] Seidel, V.: Entwurfsgesichtspunkte, Realisierung und Variantenvergleich von rausch- und klirrarmen aktiven RC-Filtern. Nachrichtentechnik – Elektronik **27** (1977) H. 10, S. 428–432

[S 26] Shenoi, B. A.: Practical realization of a gyrator circuit and RC-gyrator filters. IEEE Trans. **CT-12** (1965) H. 9, S. 374–381

[S 27] Sienko, W., und K.-E. Krüger: Über einige Eigenschaften des aktiven RC-Wellenfilters. Nachrichtentechnik – Elektronik **25** (1975) H. 5, S. 192–196

[S 28] Szentirmai, G.: Synthesis of multiple-feedback active filters. Bell Syst. T. J. **52** H. 4, S. 527–555

[T 11] Tellegen, B. D. H.: The gyrator, a new electric network element. Philips Research Reports **3** (1948) H. 2

[T 12] Thimm, R.: Entwurf aktiver RC-Filter mit nicht idealen Impendanzkonvertern. Arch. f. Elektrotechnik **58** (1976) H. 5, S. 245–258

[T 13] Thimm, R.: Aktive Filter für Kanalumsetzer. El. Nachrichtenwesen **52** (1977), H. 7, S. 144–150

[T 14] Timpl, H.: Der allgemeine Immittanz-Konverter und

seine Anwendung in Filterschaltungen. Dissertation A, HfV Dresden 1976

[T 15] TOMLINSON, G. H.: Minimum sensitivity in a class of active RC-filters. Int. J. Electronics **33** (1972) H. 3, S. 261–271

[T 16] TOW, J.: Design and evaluation of shifted-companion-form active filters. Bell Syst. T. J. **54** (1975) H. 3, S. 545–568

[T 17] TROFIMENKOFF, F. N., and O. M. TRELEAVEN and L. T. BRUTON: Noise performance of RC active quadratic filter sections. IEEE Trans. **CT-20** (1973) H. 5, S. 524–532

[W 11] WOLFF, D.: Über die Synthese aktiver RC-Filter nach den Analogrechnerprinzipien. NTZ **22** (1969) S. 395–398

[W 12] WUPPER, H., and K. MEERKÖTTER: New active filters synthesis based on scattering parameters. IEEE Trans. CT **CAS-22** (1975) S. 594–602

[Y 11] YANAGISAWA, T.: RC active networks using current inversions type negative impedance Converters. IRE Trans. **CT-4** (1957) S. 140–144

[Z 11] ZIMMERMANN, G.: Grundlagen der elektronischen Realisierung des Gyrators und seine Anwendung als Induktivitätsersatz. Dissertation, HfV Dresden 1969

Symbolverzeichnis

Schreibweise

Schreibweise der Größen und Funktionen

$u(t)$, $i(t)$	zeitabhängige Funktionen,
U, I	(i. a. komplexe) Effektivwert-Amplituden, herrührend von der symbolischen Wechselstromrechnung,
U^*, I^*	konjugiert komplexe Amplituden,
$U(j\omega)$, $I(j\omega)$, $T(j\omega)$	stationäre (komplexe) Frequenzfunktionen,
$U(p)$, $I(p)$, $T(p)$	(komplexe) Bildfunktionen, herrührend von $\mathscr{L}\{u(t)\}$, $\mathscr{L}\{i(t)\}$ ...,
$A(\omega)$, $B(\omega)$, $T(\omega)$	reelle Frequenzgänge (Teilfunktionen),

$$\boldsymbol{A} = \begin{pmatrix} A_{11} & A_{12} & \cdots & A_{1n} \\ A_{21} & A_{22} & \cdots & A_{2n} \\ \cdot & \cdot & \cdot & \cdot \\ A_{n1} & A_{n2} & \cdots & A_{nn} \end{pmatrix}, \boldsymbol{B}, \ldots \quad \text{Matrizen,}$$

A, det A, B, det B, ... Determinanten,

$\boldsymbol{b}, \boldsymbol{c}, \boldsymbol{u}, \boldsymbol{w}, \boldsymbol{x}$ (Zeilen- oder Spalten-) Vektoren.

Alle Signal- und System- bzw. Netzwerkgrößen werden bei üblichen Bezeichnungen vorzugsweise normiert dargestellt, d. h. ohne physikalische Einheiten. (Ausnahmen: Mit Einheiten ausgewiesene tatsächliche Ausführungen.)

Formelzeichen (Lateinische Buchstaben)

a	Anfachungskoeffizient
$A(\omega)$	Dämpfung
$A_B(\omega)$	Betriebsdämpfung
$\boldsymbol{A}$	Kettenmatrix, Systemmatrix, Koppelmatrix
A_μ	Kettenparameter, Koppelparameter
arc	Bogenmaß, Winkel
$B(\omega)$	Phase
$B_B(\omega)$	Betriebsphase
$\boldsymbol{B}$	Steuermatrix
C	Kapazität
$C_{(2)}$	Superkapazität
$\boldsymbol{C}$	Beobachtungsmatrix
$\boldsymbol{D}$	Durchgangsmatrix
f	Frequenz, Anfachung
$F(p)$	Polynomfunktion
$g(t)$	Gewichtsfunktion
G	Leitwert
$G(p)$	HURWITZ-Polynom
$H(p)$	Polynomfunktion
$i(t)$	Stromzeitfunktion
I	Korrespondenzfunktion zu $i(t)$
$\boldsymbol{I}$	Einheitsmatrix
k	natürliche Zahl, Teilerverhältnis, BOLTZMANN-Konstante
k_R	Rückkopplungskonstante
K	Konstante
L	Induktivität
m	Grad, Anzahl der Maschen
n	Grad,
p	komplexe (Kreis-) Frequenz
P	Wirkleistung
Q	Güte, Gütefaktor
Q_0	Grundgüte
Q_N	Nullstellengüte
R	Widerstand

R_B Bezugswiderstand
$\mathbf{S}$ Streumatrix
S Streuparameter
S_x^y Empfindlichkeit
t Zeit
T Übertragungsfunktion, Übertragungsfaktor, Korrespondenzfunktion zu $g(t)$
T_B Betriebsübertragungsfunktion, Betriebsübertragungsfaktor
u Ursache, Spannungszeitfunktion
U Korrespondenzfunktion zu $u(t)$
V Verstärkung
V_0 Gleichstromverstärkung bei TP
V_∞ (Konstante) Übertragungsverstärkung bei HP
W Leistungsdichte
x unabhängige Veränderliche, Zustandsvariable
y abhängige Veränderliche
Y (komplexer) Leitwert
z Variable der $\mathscr{Z}$-Transformation
Z (komplexer) Widerstand

Formelzeichen (Griechische Buchstaben)

δ Kennwert für die Approximation im Durchlaßbereich, Kennwert für die relative Bandbreite
$\delta(t)$ Einheitsstoßfunktion
Δ Determinante, Kennwert für die Approximation im Sperrbereich
Δf Kennwert für die absolute Bandbreite
$\Theta = \sin^{-1} \frac{1}{\omega_k}$
ϱ Betrag des Betriebsreflexionsfaktors
σ Realteil der komplexen (Kreis-) Frequenz p
ω Kreisfrequenz, Imaginärteil von p
ω_B Bezugs(kreis)frequenz
ω_0 Resonanzfrequenz (Polfrequenz)
ω_N Nullstellenfrequenz

Abkürzungen

AIK	Allgemeiner Immittanzkonverter
AP	Allpaß
BP	Bandpaß
BS	Bandsperre
DB	Durchlaßbereich
FLF	Follow-the-leader-feedback
HP	Hochpaß
IIQ	Stromgesteuerte Stromquelle
IUQ	Stromgesteuerte Spannungsquelle
KAM	Knoten-Admittanz-Matrix
$\mathcal{L}$	*Laplace*-Transformation
$\mathcal{L}^{-1}$	inverse *Laplace*-Transformation
LF	Leap-frog
MLF	Multi-loop-feedback
N	Nullstelle
NII	Negativ-Immittanz-Inverter
NIK	Negativ-Immittanz-Konverter
Np	Neper
NW	Netzwerk
OV	Operationsverstärker
p-I-K	Frequenzabhängiger Impedanzkonverter
P	Pol
PII	Positiv-Immittanz-Inverter
PIK	Positiv-Immittanz-Konverter
Res	Residuum
SB	Sperrbereich
TP	Tiefpaß
TP P n	Tiefpaß-Potenzfilter n. Grades
TP T_1 n	Tiefpaß-T_1-Filter n. Grades
TP T_2 n	Tiefpaß-T_2-Filter n. Grades
TP C n	Tiefpaß-C-Filter n. Grades
UIQ	Spannungsgesteuerte Stromquelle
UUQ	Spannungsgesteuerte Spannungsquelle
VP	Vierpol
ZP	Zweipol

Sachwortverzeichnis

Der Verfasser

- **beschreibt die Besonderheiten der (im Sinne der Mikroelektronik) integrationsfähigen RC-aktiven Netzwerke**
- **geht auf praktische Analysemethoden ein**
- **stellt Ergebnisse vorteilhafter gütearmer Approximationen vor**
- **entwickelt praktische Realisierungen in Kaskadenform, auf der Basis passiver Bezugsnetzwerke und in mehrfachgekoppelter Ausführung**
- **faßt die Resultate in Arbeitsblättern zusammen**
- **zeigt die Wirksamkeit an Anwendungen**
- **wendet sich an Interessenten der Wissensgebiete Elektrotechnik, Elektronik, Nachrichtentechnik, Physik und Mathematik**

WISSENSCHAFTLICHE TASCHENBÜCHER

www.ingramcontent.com/pod-product-compliance
Lightning Source LLC
La Vergne TN
LVHW092107300926
849161LV00002B/69
* 9 7 8 3 1 1 2 6 2 2 3 1 5 *